污灌区土壤－地下水系统中 PBDEs 地球化学行为及其原位测试新技术

GEOCHEMICAL BEHAVIOR OF PBDES AND THEIR IN SITU MEASUREMENT IN SOIL－GROUNDWATER SYSTEM IN THE SEWAGE IRRIGATION AREA

单慧媚 彭三曦 熊 彬 著

U0332156

中南大学出版社
www.csupress.com.cn

·长沙·

前言 / Foreword

多溴联苯醚（poly brominated diphenyl ethers，PBDEs）作为一种新兴的全球性持久性有机污染物（Emerging POPs），已经在全球范围内的大气、水体、沉积物、生物以及人体中被广泛检出。PBDEs 对人体的神经、内分泌、甲状腺、肝脏、肾脏等存在着潜在威胁，同时还可能存在胚胎致畸的风险。当前，有关 PBDEs 环境问题的研究已成为国际学术界的热点。

水环境是 PBDEs 全球循环的重要组成部分，PBDEs 通过地表径流、大气干湿沉降或其他方式等进入水环境，又在特定条件下重新释放进入土壤和大气，或被生物利用并通过食物链逐级累积，再次参与到全球循环中。PBDEs 进入水环境的一个重要途径即污水排放或灌溉，因为污水处理厂的水处理过程并不能显著降解或去除 PBDEs。大量调查结果显示，污水排放及灌溉已成为水环境中 PBDEs 污染的不可忽略的面状污染源。

尽管 PBDEs 具有疏水性，土壤、沉积物对其有较强的固着能力，但大量野外调查显示地表水体已广泛受到 PBDEs 污染，最新的研究证明 PBDEs 已进入地下水。值得注意的是，地下水中的 PBDEs 极有可能通过饮用或植物生长等途径在人体或农作物中累积，对人体及地下水环境存在潜在污染风险。然而，人们关于 PBDEs 对地下水的污染及其在包气带中行为机理的认识非常有限，尚不清楚这种新兴的疏水性有机卤化物如何"穿透"包气带进入地下水，并且在这相对黑暗的环境中发生了怎样的迁移及转化。

本书针对 PBDEs 全球循环研究的空缺区——地下水领域，被忽略的面状污染源——污水灌溉等问题，以山西省太原市小店污灌区作为研究区，开展与地下水中 PBDEs 污染及其行为特征相关的研究，提出"PBDEs 在地下水中如何分布""疏水性的

PBDEs如何穿透包气带进入地下水""PBDEs 在土壤－地下水系统中发生了怎样的行为过程"等关键问题。

最后，在以上研究结果的基础上，构建 HA 胶体作用下，污灌区土壤－地下水系统中 PBDEs 的迁移模型，对 PBDEs 的形态转化过程进行分析，得出：水溶态 PBDEs 与 HA 胶体作用后转化成胶体态 PBDEs，以及土壤及沉积物上吸附态 PBDEs 在降雨及灌溉作用下部分转化成胶体态 PBDEs，是 PBDEs 穿透包气带进入地下水的关键途径。

本专著在国家自然科学基金项目（项目编号：41877194，41502232，41674075）、广西自然科学基金项目（项目编号：2017GXNSFAA198096，2016GXSFGA380004）、广西科技基地和人才项目（项目编号：2018AD19142，2018AD19142）、广西中青年能力提升项目（项目编号：2018KY0253）、桂林理工大学校级科研项目（项目编号：GLUTQD2016047，GLUTQD2017010）、广西矿冶与环境科学实验中心（KH2012ZD004）和广西高等学校高水平创新团队及卓越学者计划项目（002401013001）资助下完成。中南大学出版社的编辑在本书的出版过程中做了大量细致的编辑、校对工作，在此一并表示诚挚的谢意。

由于作者水平有限，书中难免存在疏漏、不足之处，敬请广大读者批评指正。

单慧媚

2020 年 5 月于美国德州大学城

目录 / Contents

第 1 章　绪　论

1.1　研究背景及选题意义

1.1.1　研究背景

多溴联苯醚(poly brominated diphenyl ethers，PBDEs)已成为一种新兴的全球性持久性有机污染物(Emerging POPs)，在全球范围内的大气、水体、沉积物、生物以及人体中被广泛检出[1]。生物毒理学研究结果[2,3]显示，PBDEs 对人体的神经、内分泌、甲状腺、肝脏、肾脏等存在着潜在威胁，同时还可能存在胚胎致畸的风险。当前，有关 PBDEs 环境问题的研究已成为国际学术界的热点。

PBDEs 全球循环的重要组成部分之一是水环境。PBDEs 通过地表径流、大气干湿沉降等方式进入水环境，又在特定条件下重新释放进入土壤和大气，或被生物利用并通过食物链逐级累积，再次参与到全球循环中。PBDEs 进入水环境的一个重要途径即污水排放或灌溉[4,5]，因为污水处理厂的水处理过程并不能显著降解或去除 PBDEs[6]。调查结果显示，加拿大安大略某污水厂每年通过污水向河内排放的 PBDEs 为 0.7 kg，通过污泥向环境中排放的 PBDEs 约为 3.85 kg[7]；旧金山每年约有 0.9 kg 的 PBDEs 通过污水处理厂排入海湾中[4]。统计数据表明，全球用于污水灌溉的土地面积已达 20×10^6 hm^2，并且在未来的几年内将呈现显著的增长[8]。由此可见，污水排放及灌溉已成为环境中 PBDEs 的不可忽略的面状污染源。

地下水是全球水循环的积极参与者，也是我国举足轻重的供水水源[9]。PBDEs 作为一种新兴的全球性持久有机污染物，完全有可能通过水循环进入地下水，进而影响人类的供水安全。然而，由于 PBDEs 具有疏水性，土壤和沉积物对其有较强的固着能力，众多研究认为 PBDEs 很难进入地下水。因此，有关地下水中 PBDEs 的研究并未受到关注。2009 年，Levison 首次在加拿大一个农灌区地下水中检测出了 PBDEs，最高含量达 0.095 μg/L[10]。这一发现证实：外源 PBDEs 已进入地下水。值得注意的是，地下水中的 PBDEs 极有可能通过饮用或植物生长等途径在人体或农作物中累积，对人体及地下水环境存在潜在污染风险。

包气带作为地下水位以上固、水、气、生并存的一个复杂系统[9]，上同大气接触，受到大气降水的补给，下与地下水系统相通，成为地下水补给的重要通道，可能成为外源 PBDEs 在土壤 - 地下水系统中重新分配（迁移或转化等）并进入地下水的关键枢纽。然而，人们关于 PBDEs 对地下水的污染及其在包气带中行为机理的认识非常有限[10, 11]，尚不清楚这种新兴的疏水性有机卤化物如何"穿透"包气带进入地下水，并且在这相对黑暗的环境中发生了怎样的迁移及转化。

本书针对全球性的新兴持久性有机污染物（persistent organic pollutants, POPs）——PBDEs，在全球循环研究中的空缺领域——地下水，选取太原市典型的污灌区——小店灌区作为研究区，采集污水、土壤、污泥和地下水样品，进行 PBDEs 在土壤 - 地下水系统中分布特征及行为机理的研究。基于 PBDEs 在土壤和水体中存在形态及有机污染物归趋问题的认识，重点开展土壤胶体作用下的主要 PBDEs 污染物的静态批试验和动态柱试验，综合利用气相色谱质谱分析技术、激光诱导荧光光谱技术（LIF, laser induced fluorescence）和定量构效关系分析（QSAR, quantitative structure - activity relationship）等技术，旨在进行原位测试并从分子尺度上揭示污灌区土壤 - 地下水系统中 PBDEs 的地球化学行为机理，进一步促进对疏水性有机污染物生物地球化学行为的研究，为污灌区 PBDEs 污染防治提供理论指导。

1.1.2 选题意义

本研究针对当前国内外关于 PBDEs 研究中不可忽略的面状污染源——污水灌溉，被忽视的空缺领域——地下水，开展典型污灌区土壤 - 地下水系统中 PBDEs 的地球化学行为示踪和机理研究，具有极其重要的科学意义和社会意义。

其科学意义在于：

（1）弥补当前关于 PBDEs 生物地球化学循环研究中忽略其在地下水中循环的不足；

（2）有望揭示疏水性有机卤化物在包气带中的迁移行为机理。

其社会意义在于：

PBDEs 是地下水中继有机氯化物之后又一种新的有机卤化物。该研究成果将进一步丰富和发展地下水污染与防治的研究内容，为灌区农业生产以及地下水用水安全提供理论指导。

1.2　国内外研究现状、存在问题及发展趋势

1.2.1　PBDEs 的物理化学特性

　　PBDEs 是一类广泛使用的溴代阻燃剂。高温（沸点 310～425℃）分解时产生的溴原子能捕获燃烧反应的核心游离基——羟基自由基和氧自由基等，从而达到阻燃目的[12,13]。因此，PBDEs 常作为添加性阻燃剂，被广泛用于油漆、电路板、纺织品、汽车和家具的内垫泡沫，以及电器电子产品的塑料高聚物中。

　　PBDEs 的化学通式为 $C_{12}H_{(0-9)}Br_{(1-10)}O$，如图 1.1 所示。根据溴原子取代位置和个数的不同，共有 209 种同系物，按照国际纯粹与应用化学联合会（IUPAC）编号系统编号。

　　室温条件下，PBDEs 在水中的溶解度（S_w）较低，具有较低的蒸气压和较高的辛醇－水分配系数（K_{ow}）和辛醇－空气分配系数（K_{oa}），沸点为 310～425℃。PBDEs 的物理化学特征如表 1.1 所示。

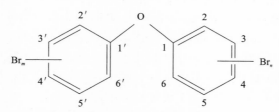

$$PBDEs=C_{12}H_{(10-x)}Br_x(x=1, 2, \cdots, 10=m+n)$$

图 1.1　PBDEs 结构式

表 1.1　PBDEs 物理化学性质

溴原子个数	同分异构体个数	相对分子质量	蒸气压/Pa（25℃）	lgK_{ow}	lgK_{oa}	S_w/($\mu g \cdot L^{-1}$)（21℃）
1	3	249.1	—	3.6	7.2～7.4	4000.00
2	12	328.0	2.0	5.1	8.2～8.8	500.00
3	24	406.9	2.0×10^{-2}	5.9	9.0～9.8	90.00
4	42	485.8	4.0×10^{-4}	6.3	10.0～10.6	20.00
5	46	564.7	3.0×10^{-5}	6.8	10.6～12.0	5.00

续表 1.1

溴原子个数	同分异构体个数	相对分子质量	蒸气压/Pa（25℃）	$\lg K_{ow}$	$\lg K_{oa}$	$S_w/(\mu g \cdot L^{-1})$（21℃）
6	42	643.6	9.0×10^{-6}	7.3	11.6~12.6	2.00
7	24	722.5	5.0×10^{-6}	7.9	12.2~13.2	0.70
8	12	801.4	4.0×10^{-6}	8.5	13.5~14.2	0.30
9	3	880.3	3.0×10^{-6}	9.0	14.5~15.0	0.16
10	1	959.2	2.6×10^{-6}	9.5	15.7	0.10

以上数据来源于 http://www.mfe.govt.nz/index.html

1.2.2　PBDEs 的全球环境问题

1) 地下水——PBDEs 研究的空缺区

由于缺乏化学键的束缚，PBDEs 可以通过挥发或渗滤等方式从所添加的聚合物释放进入环境[12]，并随着大气和水体的迁移造成大气、水体、沉积物、土壤及生物圈的广泛污染。已有的研究[14-16]表明，PBDEs 不仅分布在北美洲、欧洲、非洲和亚洲等地，而且在偏远的南极、北极以及深海区也有分布，不仅在大气(包括室内空气)、土壤、沉积物和水体中被检出，而且在陆生与海生的植物、动物等体内也有检出。PBDEs 已成为一类新兴的全球性持久有机污染物[1]。

环境中 PBDEs 化学性质稳定，难降解，具有高亲脂性，并且能随食物链产生生物富集和放大效应。毒理学研究表明 PBDEs 是一种致癌并且具有内分泌干扰毒性的有毒物质[3, 17, 18]。更重要的是，PBDEs 不仅在人体的脂肪和血液等中被检出，而且在母乳中的含量高达 0.07~111 ng/g[19]，并呈增加趋势[20]，PBDEs 可以通过母乳直接影响下一代。为此，许多国家和地区限制了 PBDEs 的生产使用。欧盟(EU)于 2004 年全面禁止了五溴和八溴联苯醚产品的生产和使用。2006 年，我国出台《电气、电子设备中限制使用某些有害物质指令》限制了 PBDEs 的使用。2008 年 4 月，欧盟(EU)对仍被广泛使用的十溴联苯醚产品实施禁用管理。2009 年 5 月，联合国环境规划署正式将四溴联苯醚(TeBDE)和五溴联苯醚(PeBDE)、六溴联苯醚(HxBDE)和七溴联苯醚(HpBDE)列入《斯德哥尔摩公约》。

早在 20 世纪 70 年代，PBDEs 就引起了国际关注(图 1.2)。1979 年，研究学者在溴阻燃剂生产厂附近的土壤和淤泥，以及大气微粒中检出 PBDEs[20, 21]。1981 年，PBDEs 在鱼类组织样品中被检出，瑞士科学家将其列入全球性的环境污染物行列。但直到 20 世纪 90 年代末，瑞典及美国的母乳中检出 PBDEs，并发现其在 20 年间增加了 3 倍。这一发现才引起了人们对 PBDEs 的广泛关注,并逐渐成为国际环境学界研究的热点。近年来,在国际期刊上发表的有关 PBDEs 的论文数和引文数呈逐年上升趋势。Web of Knowledge[SM]检索结果如图 1.3 所示。

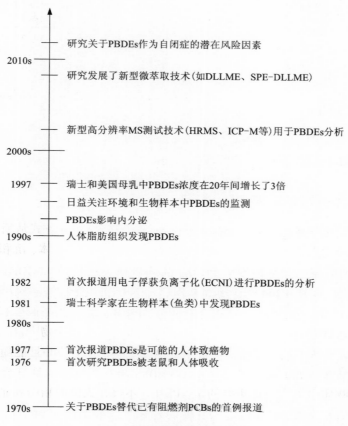

2010s —— 研究关于PBDEs作为自闭症的潜在风险因素

—— 研究发展了新型微萃取技术(如DLLME、SPE-DLLME)

—— 新型高分辨率MS测试技术(HRMS、ICP-M等)用于PBDEs分析

2000s ——

1997 —— 瑞士和美国母乳中PBDEs浓度在20年间增长了3倍

—— 日益关注环境和生物样本中PBDEs的监测

—— PBDEs影响内分泌

1990s —— 人体脂肪组织发现PBDEs

1982 —— 首次报道用电子俘获负离子化(ECNI)进行PBDEs的分析

1981 —— 瑞士科学家在生物样本(鱼类)中发现PBDEs

1980s ——

1977 —— 首次报道PBDEs是可能的人体致癌物

1976 —— 首次研究PBDEs被老鼠和人体吸收

1970s —— 关于PBDEs替代已有阻燃剂PCBs的首例报道

图 1.2　PBDEs 研究历程[22]

北极的大气中 $\sum$ PBDEs（Di – HpBDEs）平均浓度为 14 ~ 424 pg/m^3[23]；Jaward 等通过对欧洲和亚洲大气中 PBDEs 的浓度变化进行研究,发现英国和中国(西安和广州等)的浓度最高[24-26]。

PBDEs 在海域水体中的含量为 3 ~ 513 pg/L,其中 78% 的 PBDEs 是与微粒相共生的[27, 28]。旧金山河口区水体中 PBDEs 的分布与含量调查显示,其主要含有 BDE47、BDE99 和 BDE209,浓度最大值出现在高度城市化的南部海域,范围为 103 pg/L 至 513 pg/L,其中 BDE209 主要通过吸附在悬浮颗粒上而存在[27]。北美安大略湖表层水中 PBDEs 含量为 4 ~ 13 pg/L,其中 90% 以上是 BDE – 47 和 BDE

－99[29]。据 Hayakawa 等报道，在日本的降雨中也检测到了 PBDEs[30]。

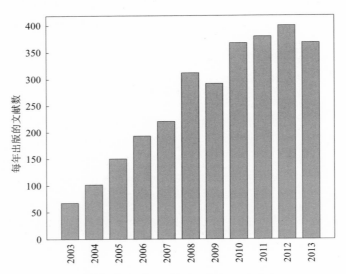

图1.3　2003—2013 年与 PBDEs 相关的论文发表统计

　　河流、湖泊和海洋沉积物中 PBDEs 的分析结果显示，$\sum$ PBDEs 浓度为 0 ~ 212 ng/g（干重），BDE209 为优势同系物[31]。我国沿海地区沉积物中 BDE209 含量在亚洲处在一个较高水平。值得注意的是，PBDEs 随着时间的推移表现出浓度逐渐增加的趋势[32, 33]。

　　PBDEs 在土壤中的含量接近或低于 1 ng/g 到 69 ng/g[34, 35]，但在电子垃圾区的土壤中含量高达 789 ng/g[36]。土壤中 PBDEs 的含量与土壤有机碳（TOC）和炭黑（BC）含量具有较好的相关性[37]。

　　PBDEs 的上述环境分布特征与其性质有关[38]。PBDEs 的低溴同系物具有较高的蒸气压，故在大气中更容易富集；由于 PBDEs 具有疏水性（水中的溶解度小于 1 μg/kg），但有强的吸附性，故它在土壤和沉积物中比在水中更容易富集；由于 PBDEs 具有亲脂性，而在生物体内更容易富集；PBDEs 在气、水、土和沉积物中的半衰期分别为 2 天、2 个月和 6 个月，故它可进行远距离的传输；PBDEs 具有持久性，并可以再在生物体内累积。

　　理论上讲，大气、土壤、沉积物、污水以及垃圾浸出液等中的 PBDEs 均可以通过大气降雨的淋滤、入渗等途径进入地下水。但由于 PBDEs 具有疏水性，土壤、沉积物对其有很强的固着能力，普遍认为 PBDEs 很难进入地下水。因此，众多研究往往忽略了 PBDEs 对地下水的污染问题。

　　2009 年，Levison 基于 SPE 萃取技术、GCP 净化技术，利用 HRGC－HRMS 分

析方法，首次在加拿大一个农灌区的地下水中检出了 PBDEs，最高含量 94 ng/L。我国河套平原黄河灌区浅层地下水也检测到 PBDEs，含量为 53.0 ng/L[39]。这些发现表明：PBDEs 已经通过某些"特殊"途径"穿过"包气带进入地下水，并且在灌溉区的浅层地下水中广泛存在。值得注意的是，地下水中的 PBDEs 极有可能通过农作物或饮用水进入人体中，对人类健康和地下水环境存在潜在的污染风险。

2）污灌区——被忽略的 PBDEs 面污染源

污水灌溉在全球范围内已历数百年的发展历程，尤其是近几十年来，在世界各地发展的日益普遍[40, 41]。统计数据显示全球用于污水灌溉的土地面积已达 $20 \times 10^6 \, hm^2$，且在未来的几年内将显著地增长[8]。值得注意的是，污水灌溉在缓解水资源矛盾并解决城市污水排放和农业生产用水来源的同时，也带来了日益严重的环境污染问题。

当前，针对污水灌溉的环境负面效应研究主要集中在重金属、营养盐以及病原体等污染问题，对于有机污染尤其是持久性有机污染物的环境行为的研究相对匮乏[42]。杜斌等对太原市典型污灌区——小店灌区进行调查发现，污灌废水中含有 200 多种有机污染物，污灌区土壤中有机污染物的种类是清灌区的 2 倍，居民生活用水井（>50 m）、灌溉用水井（<50 m）及浅井（<10 m）均检测到有机污染物，其中污灌渠附近地下水、井水已经受到 PAHs（多环芳烃）的严重污染[43]。Wang 等研究发现污灌区农田土壤会受到污水河河水中 PCBs（多氯联苯）和 PBDEs 等持久性有机污染物的污染[44]。王宝盛等对北京郊区分别利用污水河、地下水及混合水源灌溉的农田中表层土壤进行 POPs 的测定分析，检测出 26 种 PCBs 和 14 种 PBDEs 同系物，污水及混合灌溉的农田中这些 POPs 的浓度远大于地下水灌溉的农田[42]。

以上调查结果表明：污灌区已经受到有机物尤其是持久性有机物（POPs）的污染。然而，关于污灌区新兴的 POPs——PBDEs 的污染问题尚未引起重视。以往的诸多研究仅对灌区 POPs 的含量分布特征进行了调查，缺乏 POPs 在污灌区土壤与地下水介质之间的迁移和转化机理的深入研究。

1.2.3 PBDEs 的分析测试技术

1）GC 和 GC – MS 技术

环境样本（水、土壤、沉积物、生物等）中日益增加的 PBDEs 浓度水平促使人们更多地关注 PBDEs 分析测试技术的发展[22]。气相色谱（gas chromatography，GC）以及气相色谱 – 质谱（mass spectrometry，MS）是 PBDEs 分析中最常用的检测技术。对于环境样本中 PBDEs 含量水平的分析，通常包括四步：样品采集和预处理；萃取、浓缩和提纯；GC 或 GC - MS 检测；质量控制和质量保证（QA/QC）。

（1）样品采集和预处理

样品的采集和预处理是 PBDEs 整个分析过程中极为重要的步骤，该过程要尽可能减少样品损失，并保证测试结果的可靠性。对于不同类型的环境样本如粉尘、气体、沉积物、液体等，采集和处理方法有所区别。

对于土壤沉积物样品，通常用不锈钢铲或抓斗式采样器采集，采集后包裹在铝箔纸中[45-47]。对于钻孔沉积物样品，可用重力式取样器[48]。样品采集后放到提前清洗干净并且密闭的铝制聚乙烯袋中运回实验室[47]，低温（< -5 ℃）避光保存。样品在进一步分析之前，冷冻干燥后去除其中的根系、石块等杂质，进行均一化，用湿法或干法过筛，筛后的样品进行目标污染物的萃取。

对于动物或植物样本（例如鱼类、蔬菜等），采集后用锡纸或塑料袋包装，于 -20℃ 条件下储存[49]。

对于气体样本，可以利用主动采样或被动采样技术，使用聚氨酯泡沫（polyurethane foam，PUF）作为吸附介质，使用石英过滤器（QFF）或玻璃过滤器（GFF）采集。样品采集前，PUF 必须预先用水清洁剂溶液洗净，而 QFF 和 GFF 则需进行高温活化[22]。

（2）萃取、浓缩和提纯

美国 EPA1614 草案中详细阐明了各类介质中 PBDEs 的萃取、浓缩和纯化过程[50]。具体如下：

对于液体样本（通常含有少量的颗粒态物质），通常采集 1L 溶液，加入稳定同位素标记的 BDEs 同系物，使用固相萃取（solid - phase extraction，SPE）、分液漏斗萃取（separatory funnel extraction，SPF），或者连续液液萃取（continuous liquid/liquid extraction，CLLE）。

对于固态、半固态以及多相样本（组织样本除外），通常向预处理过的 10 g（干重）样本加入同位素标记物，进行索氏萃取（Soxhlet extraction）或其他多种方法的萃取。

对于鱼类或其他组织样本，将 20 g 样本进行均质化，提取 10 g 加入同位素标记物，混入无水硫酸钠，至少干燥 30 min，在索氏抽提器中使用二氯甲烷萃取 18~24 h。

样本提取液进行初步浓缩后利用酸性/碱性硅胶柱、弗罗里硅土或者氧化铝柱进行反向萃取以去除大分子物质及杂质。随着技术的发展和进步，当前已经发展了越来越多新型的萃取和净化技术用于 PBDEs 目标物的分析，各种萃取技术的优缺点分析如表 1.2 所示。

（3）GC 或 GC - MS 检测

气相色谱（Gas chromatography，GC）是 PBDEs 分析中最常用的分离技术[51, 52]。GC 分离过程中最重要的环节是选择合适的分离柱，以保证合适的分辨率以及化合物之间完全分离。PBDEs 分离主要是利用非极性固定相色谱柱（例如 DB－5）。目前，最好的分离效果是利用 30～50 m 非极性或半极 0 性毛细管柱（$D < 0.25$ mm）获得的[53]。相对于低溴代联苯醚，高溴代联苯醚（如 BDE209）通常需要特殊的条件，因为注入色谱柱后可能在高温下发生降解且色谱保留时间较长。因此，用于高溴代联苯醚分析的色谱柱应该具有更高的温度耐受限，且长度需缩短到 10～15 m 以降低其在色谱中的保留时间。另外，Kierkegaard 等报道采用不同厂家的非极性和半极性色谱柱（如 DB－1、HP－1、VF－1）得到的 BDE209 响应有所不同，但是该现象并未在低溴代化合物分析中发现[54]。

因为 PBDEs 的浓度通常低于其他已报道的挥发性有机物（SVOCs），因此，PBDEs 的分析必须采用高灵敏系统。质谱分析（mass spectrometry，MS）则被认为是最有效和常用的 PBDEs 检测技术。目前，常用的 PBDEs 分析检测方法有 GC－ECD、GC－LRMS、GC－HRMS、GC－ICP－MS 和 HPLC－MS 等，其中 MS 检测涉及两种电离源，分别是电子轰击（EI）和负离子化学电离源（NCI）。NCI 比 EI 灵敏度高，但是 EI 可以使用同位素稀释的方法定量，可使超痕量分析更加准确。PBDEs 各种检测技术如表 1.3 所列。

（4）质量控制和质量保证（QA/QC）

质量控制和质量保证（quality assurance/quality control）是 PBDEs 分析测试过程中十分重要的环节。

质量控制方面：①控制待测物的提取效率；②通过加入替代品并测试回收率，控制整个浓缩和净化过程中的样品损失情况；③通过进行空白分析，控制净化过程的外来污染情况。

质量保证方面包括标准溶液的准确度、各化合物之间的分离程度、标准曲线的线性关系、待测物质在仪器中的稳定情况等。其中仪器分析过程的稳定性主要通过加入内标来校正数据波动。

2）激光诱导荧光（LIF）技术

荧光光谱（fluorescence spectrum）即物质吸收了较短波长的光能，电子被激发跃迁至较高单线态能级，返回到基态时发射较长波长的特征光谱。当紫外光或波长较短的可见光照射到某些物质时，这些物质会发射出各种颜色和不同强度的可见光，而当光源停止照射时，这种光线随之消失。这种在激发光诱导下产生的光称为荧光，能发出荧光的物质称为荧光物质。

表 1.2　环境样本中 PBDEs 萃取技术对比表

萃取技术	索氏萃取 (Soxhlet extraction)	加速溶剂萃取 (ASE, accelerated solvent extraction)	超声辅助提取 (USAE, ultrasound assisted extraction)	微波辅助萃取 (MAE, microwave assisted extraction)	固相萃取 (SPE, Solid phase extraction)	超临界流体萃取 (SFE, supercritical fluid extraction)
萃取时间	8 ~ 48 h	20 ~ 60 min	15 ~ 60 min	2 ~ 40 min	30 ~ 60 min	30 ~ 60 min
溶剂消耗	50 ~ 300 mL	15 ~ 75 mL	50 ~ 150 mL	20 ~ 50 mL	>100 mL	10 ~ 50 mL
萃取温度	依据溶剂沸点调整	>150℃	>80℃	>150℃	—	>150℃
萃取压力	大气压	加压条件	大气压	加压条件	加压条件	大气压
环境样本应用案例	1. 土壤, 18 h, V(正己烷)/V(丙酮)(1:1)[66]; 2. 粉尘, 24 h, V(正己烷)(1:1)酮)/V(正己烷)(1:1)[67]; 3. 鱼类和土壤, 24 h, 150 mL V(正己烷)/V(丙酮)(1:1)[68]	1. 沉积物, 100℃, 6 MPa, V(正己烷)/V(正己烷)(1:1)[69]; 2. 土壤, 条件同上[70]; 3. 鱼类和土壤, 100 mL V(正己烷)/V(丙酮)(1:1), 150℃, 6 MPa[68]	1. 海产品, 1 h, V(二氯甲烷)(1:1)[71]; 2. 玻璃柱中土壤样品, 15 min, 5 mL 乙酸乙酯, 室温[72]	鱼和土壤, 50 min, V(正己烷)/V(丙酮)(1:1), 115℃[68]; 30 mL, V(正己烷)/V(丙酮)(1:1), 115℃[68]	1. 人的血清, HLB 共聚物疏水亲脂平衡, 4 mL 甲苯洗脱 SPE 柱[73]; 2. 雪样, C18 固相萃取膜, 10 mL, V(二氯甲烷)/V(环己烷)(1:1)预处理, 10 mL 甲醇处理, Mill – Q 超纯水洗脱[74]	粉尘, 超临界 1, 1, 2, 4 四氟乙烷 (R 134a) 20 mL, 100℃, 150℃, 200℃条件下二氯甲烷分别萃取干于干尘, 分散在砂土中的干尘和湿尘[54]
技术特点	1. 环境介质中进行持久性有机物萃取最为广泛的技术; 2. 设备简便; 3. 萃取效率高;	1. 全自动操作, 时间从小到减少到分钟; 2. 过滤精净化同步完成; 3. 溶剂消耗降低 90%	短时间内高效萃取	1. 萃取时间短, 溶剂消耗低, 同时萃取多个样品; 2. 需谨慎重选择萃取溶剂, 萃取溶剂必须是极性目标吸收微波, 分析前需进一步净化	1. 利用溶剂洗脱 SPE, 可实现萃取 – 预浓缩和净化同时进行; 2. 显著降低溶剂消耗; 3. 操作简便; 4. 目标物洗脱之前, 需对吸附床柱进行预处理, 分析前萃取/净化过程必须防止溶剂干扰	1. CO_2 作为萃取介质, 无毒, 不可燃, 环境友好; 2. 通过温度和压力条件的优化来控制灵敏度; 3. 设备昂贵, 测试样品量有限[54]

表 1.3　PBDEs 各种检测技术的优缺点比较[22]

检测技术	鉴定粒子	选择性	灵敏度	优点	缺点	花费
ECD[1]	分子离子	*	*	成本低，易于操作和维护，对于双毛细管柱以及不同的极性均有较好的结果，降低了共洗脱产生的风险	不能使用[13]C 标记物	低
ECNI – MS[2]	溴离子	***	**	能够消除与氯代有机物共洗脱的干扰	不能使用同位素标记物分析低溴代化合物	中
EI – MS[3]	提取离子	**	**	获得结构信息，允许使用同位素稀释法进行痕量的定量	存在 PCB 化合物的干扰，对于高溴代化合物 LOD 值较高	中
EI – HRMS[4]	提取离子	***	***	高灵敏度，尤其是对高溴代化合物的分析	技术操作难度高，需要样品碎片	高
OISTMS[5]	提取离子	***	***	允许同位素稀释法进行定量，能够消除基体效应	需要进行条件优化	高
ICP – MS[6]	提取离子	***	***	消除来自 S – 和 Cl – 化合物的干扰	不能消除来自其他溴代化合物的干扰，在使用常规检测技术之前仍需要开展研究	高
TOF – MS[7]	提取离子	***	***	分析时间段（毫秒），几乎无共洗脱，不需要样品苯取以及纯化分离等过程	有限的线性范围，尚不能用于常规检测技术	高
EI – MS/MS	提取离子	***	***	广泛用于环境样品中有机物分析；即使样本种类不同，仍然减少甚至消除基质干扰；良好的灵敏度和选择性	费用高	高
APCI – MS/MS[8]	提取离子	***	***	不需要紫外灯以及掺杂试剂来辅助大气压下的电离，分析时间短（14 min），用于分析 BFRs 化合物时不需要 GC – MS 检验	主要用于 TBBP – A 和 HBCDs 分析，对于 PBDEs 分析时电离效果差	高
APPI – MSMS[9]	提取离子	***	***	相对于已报道的电离法测试 PBDEs，具有更高的电离效果，可以同时分析更大范围应用的化合物，使用经过预热处理的掺杂物可以降低背景噪音，从而提高灵敏度	在梯度稀释过程中受溶剂组成的影响敏感，极大地制约了不使用内部标准的情况下几种化合物同时测试分析	高

注：1. ECD，electron capture detector；2. ECNI，electron capture negative ionization；3. EIMS，electron impact mass spectrometry；4. HRMS，high resolution mass spectrometry；5. OISTMS，quadrupole ion storage mass spectrometry；6. ICP – MS，plasma coupled mass spectrometry；7. TOF，time of flight（analyzer）；8. APCI，atmospheric pressure chemical ionization；9. APPI，atmospheric pressure photoionization.

荧光光谱包括激发光谱(Excitation spectrum)和发射光谱(Emission spectrum)。根据物质分子吸收光谱和荧光光谱能级跃迁机理,分子荧光光谱与激发光源的波长无关,只与荧光物质本身的能级结构有关,不同荧光物质由于分子结构和能量分布的差异,具有不同的吸收光谱和荧光光谱特征,所以,可以根据荧光谱线对荧光物质进行鉴别与分析。

由于激光诱导荧光(laser induced fluorescence,LIF)具有灵敏度高、选择性好、响应速度快等优点,能够对小体积样品实施原位监测,在生物体超痕量生物活性物质、单分子物质以及环境中有机污染物的检测等方面得到了广泛的应用[55-57]。例如,Shang 等人利用工业纳米颗粒物(engineered nanoporous silicate particles,ENSPs)的荧光特性,在地下水模拟液(synthetic groundwater,SGW)中加入 ENSPs,利用高效离子泵将其导入砂柱中并利用 LIF 法测试水溶液,首次揭示了饱和多孔介质中 ENSPs 的迁移行为机理[58]。

在环境领域,LIF 技术已经成功应用于检测分析地下水、海水以及水下沉积物中的持久性疏水有机物——多环芳烃(PAHs)[59-63]、水体以及沉积物中的石油等[64]。

Kotzick 等利用时间控制－激光诱导和纤维传导荧光建立 PAHs 测试技术,将该技术用于污染修复区实际样品的监测。1～3 mg PAHs 的单体以及 2～3 种混合物溶于 100 mL 乙腈,再利用 5% 的乙腈/超纯水逐级稀释获得标准溶液进行荧光测试,建立了 EPA 优先控制的 16 种 PAHs 的浓度－荧光强度关系方程,对于单独的 PAH 检测限降低至 ng/L 级,并利用荧光寿命消除了有机质对 PAHs 荧光法的干扰[65]。Rudnickd 和 Chen 利用时间延迟－激光诱导荧光法建立了海水中芘和其他几种 PAHs 的测试方法,检测限也达到 ng/L 级,利用该荧光法对 Boston Harbor 等地点进行了环境样品的原位监测[59]。

基于 LIF 以上的应用,以及 PBDEs 分子结构特性,有望建立 PBDEs 测试分析的荧光法,实现 PBDEs 的原位监测。然而,未见有相关文献报道 PBDEs 的荧光特征及该技术在 PBDEs 方面的应用研究。

1.2.4　土壤－地下水中 PBDEs 的迁移转化

野外观察显示,在有机质存在的条件下,PBDEs 在土壤中有显著的垂向迁移能力[75]。地表水体中 70%～80% 的 PBDEs 以胶体微粒的形式存在,指示了胶体可能充当了土壤和地下水中 PBDEs 的吸附剂和迁移载体,而土壤－地下水系统中广泛存在的胶体微粒可能是 PBDEs"穿透"包气带进入地下水的关键。

胶体是一种高度分散的多相不均匀体系,直径介于粗分散体系和真溶液之间,为 1 nm～1 μm。根据微粒和组成物质的不同,通常分为三大类:有机胶体、无机胶体和有机/无机复合胶体。有机胶体主要包括腐殖质、微生物、天然和人工合成的有机物大分子等。无机胶体包括黏土矿物、金属氧化物及氢氧化物、含碳化合物等。有机/无机复合胶体的微粒和组成物质则是有机质与矿物质的结合体。

容易被固相介质吸附的污染物通常也会被胶体相吸附或伴随着胶体相从固相介质脱离而进入流体相中，从而发生胶体协同迁移作用（colloid - facilitated transport）。有机物最容易成为协同迁移的对象之一[76]。

针对黄浦江水体开展的疏水性有机污染物（以菲为主）在水/沉积物（腐殖酸）的吸附过程和吸附机制研究发现：有机质含量是影响沉积物吸附能力的重要因素，腐殖质非极性的强弱是影响沉积物对疏水性有机物吸附能力的重要因素，其中相对分子量较大的腐殖酸更容易与疏水性有机物发生吸附[77]。

关于水体中的典型胶体——二氧化硅、氢氧化铁和胡敏酸胶体对疏水性的POPs——六氯环己烷（BHCs）的分配规律和吸附机制实验发现：50%的BHCs分布于胶体相中，其中，无机胶体——二氧化硅和氢氧化铁对BHCs的吸附作用为范德华力，属物理吸附，有机胶体——胡敏酸对BHCs的吸附除范德华力外，还受到其脂肪族类物质的化学性质影响[78]。

以上研究暗示：一定条件下，胶体充当了许多痕量有机污染物的吸附剂和主要迁移载体。而疏水性有机污染物（HOCs），可能主要是借着胶体的协同作用才得以在水环境中产生明显的迁移[79]。土壤/地下水中典型胶体对PBDEs这种全球性新兴的疏水性有机污染物的协同迁移作用，可能是PBDEs穿透包气带进入地下水的关键。然而，该假设有待于深入研究进行验证。

1.2.5 QSAR 对 PBDEs 与胶体作用机理的指示

定量构效关系（QSAR，quantitative structure activity relationships）是一种借助分子的理化性质或结构参数，以数学和统计学手段定量研究有机小分子与生物大分子相互作用、有机小分子在生物体内吸收、分布、代谢、排泄等生理相关性质的方法。该方法的应用与研究在国际上已发展为一个十分活跃的领域，是环境化学、药物化学、计算机化学及农药化学等学科中的前沿课题[80]。

国内外普遍采用的 QSAR 建模法主要有辛醇/水分配系数法、分子连接性指数法（molecular connectivity method）、分子表面积法（TSA）、线性自由能法（LFER）、线性溶剂化能相关方法（LSERs，linear salvation energy relationships），基团贡献法（free - wilson 法）、量子化学法（quantum chemical method）及模型识别等共 8 种方法[81, 82]。

三维定量构效关系是引入了药物分子三维结构信息进行定量构效关系研究的方法。该方法能够间接地反映大分子与药物分子相互作用特征。应用最广泛的三维定量构效关系方法是比较分子场和比较分子相似性方法，此外，还有 DG 3D -

QSAR、GERM、MSA 等众多方法。

目前，QSAR 在预测 POPs 的生物活性/性质、补充缺失的基础数据及探求 POPs 的环境过程机制和生态效应等方面已得到了较为广泛的应用[83]。近几年，针对 PBDEs 这种新兴的全球性持久有机污染物也陆续开展了相关研究：

Wang 等用三维 QSAR（比较分子力场分析和比较分子相似性指数分析）和传统的 QSAR 方法（Heuristic 方法）研究了 PBDEs 的结构与毒性之间的关系，建立了具有一定预测能力的模型[84]。

王晓栋等基于分子全息 QSAR 研究了 18 种 PBDEs 的结构与毒性之间的关系，通过 QSAR 模型色码图得出：3，3′，和 4′位处 Br 取代基对 PBDEs 的毒性有利，而 5，5′和 6 位点处 Br 取代基对 PBDEs 毒性不利[85]。

易忠胜等用多元线性回归方法分别构建了 OH－PBDEs 对细胞色素 CYP19 介导类固醇生成的抑制活性、甲状腺受体－β 的雌激素活性以及甲状腺结合球蛋白和甲状腺转运蛋白之间结合能力的 QSAR 模型，揭示了 OH－PBDEs 的分子三维结构和芳香性是其活性的重要影响因素，而分子中溴原子的数量和取代位置对其生物活性有重要影响[86]。

Harju 等建立 QSAR 模型评估了 PBDEs 等溴系阻燃剂在人体和环境中的风险，发现低溴代 PBDEs 中邻位溴取代和溴在间位和对位时，具有最高的能量和新陈代谢速率[87]。

Mansouri 等在实验基础上通过 QSAR 模型评估了 PBDEs 的生物积累因子和生物放大因子[88]。

然而，当前 QSAR 在 POPs 尤其是 PBDEs 方面的应用仍局限于其性质、生物活性预测以及毒性效应分析等方面，缺乏对其环境行为的模拟以及风险评估方面的应用研究。结合本专著的研究目标，在获取 PBDEs 物理化学性质及分子结构的基础上，预测并构建 PBDEs 与典型胶体（如胡敏酸、富里酸等）结合物的三维结构，计算并对比二者相互作用后的 QSAR 参数，可能为土壤－地下水系统中典型胶体对 PBDEs 吸附和迁移机理的研究提供新的思路，有望拓宽 QSAR 解决 PBDEs 等 POPs 环境问题的应用。

1.2.6 存在的问题及发展趋势

（1）尽管 PBDEs 在环境中的分布及行为研究已经取得了丰富的成果，但由于其具有疏水性，土壤、沉积物对其有很强的固着能力，普遍认为 PBDEs 很难进入地下水，导致众多研究往往忽略了 PBDEs 对地下水的污染问题。然而，最新研究显示，PBDEs 已经通过某些"特殊"途径"穿过"包气带进入地下水，并且在灌区浅层地下水中广泛存在。值得注意的是，地下水中的 PBDEs 极有可能通过农作物或饮用进入人体，对人体和环境存在潜在的危害风险。然而，人们并不清楚

PBDEs 是如何"穿透"包气带进入地下水的，也不清楚它在黑暗复杂的土壤 - 地下水系统中发生了怎样的转化过程。

（2）当前，关于 PBDEs 污染问题的调查研究更多地集中于电子产业以及垃圾处理区。尽管污水灌溉带来的一系列环境问题日益显著，但是针对农业灌溉区内新兴 POPs——PBDEs 污染问题并未引起重视。PBDEs 通过污水灌溉进入土壤及地下水，可能成为 PBDEs 环境污染中不可忽略的重要的面污染源。

（3）PBDEs 的测试通常采用 GC‐ECD 或者 GC‐MS 技术，尽管灵敏度高，但对于环境样本如水、土壤等，测试前通常需要进行繁琐的萃取、浓缩以及提纯过程，在解决 PBDEs 在土壤 - 水系统中的迁移行为机理问题时存在着局限性。基于紫外或激光诱导荧光光谱分析技术在水体以及土壤/沉积物中油类和 PAHs 等有机污染物含量测试分析方面的应用和显著优点——原位、省时和样品非破坏性等，将该技术应用于水体或土壤中的 PBDEs 分析，能够克服 GC、GC‐MS 技术的不足，有望为 PBDEs 在土壤 - 地下水中迁移行为的研究提供新的工具。

（4）QSAR 方法在 POPs 领域尤其是 PBDEs 方面的应用局限于其性质、生物活性预测以及毒性效应分析，亟须拓宽其在环境行为机理研究方面的应用。

1.3　研究目标、内容及技术路线

1.3.1　研究目标

（1）查明典型污灌区内 PBDEs 污染现状，识别主要 PBDEs 污染物和污染源；

（2）查明 PBDEs 在饱和多孔介质中的吸附和迁移行为特征；

（3）识别胶体对 PBDEs 吸附和迁移行为的影响；

（4）建立并应用荧光光谱方法在线测试分析 PBDEs。

1.3.2　研究内容

（1）典型污灌区内土壤、灌溉水、地下水中新兴持久性有机污染物——PBDEs 的污染现状及其主要污染源。

采用野外调查和采样分析的方法，在太原市典型的小店污灌区采集水样（地下水和污灌水）、土壤及沉积物样品和污泥样品，建立水样和土壤样本的 GC 和 GC‐MS 测试方法，进行水、土壤以及水溶液中不同粒径悬浮颗粒物中 PBDEs 的测试分析，识别小店污灌区 PBDEs 的空间分布特征、土壤和水体中的主要 PBDEs 污染物及其污染源，以及 PBDEs 在天然水体中不同粒径悬浮颗粒物及胶体的分布特征。

（2）污灌区胶体态 PBDEs 在饱和多孔介质中的吸附迁移特征

采集研究区内未被 PBDEs 污染的土壤样本，在不同有机质胶体含量的条件下，进行主要 PBDEs 污染物的吸附动力学和热力学实验研究，查明多孔介质对 PBDEs 的吸附行为特征。此外，利用石英砂作为吸附载体，综合利用 GCMS 和光谱分析技术，开展水体中主要 PBDEs 污染物——BDE47 在石英砂的吸附和柱迁移实验，在获得相关参数的基础上，构建胶体协同迁移作用下 PBDEs 在多孔介质中的吸附迁移数值模型。

（3）PBDEs 与 HA 的分子相互作用

利用 QSAR 定量构效关系分析技术，基于 Hyperchem 软件平台，模拟 PBDEs 在环境中稳定存在的形态，计算典型有机质胶体——胡敏酸与其相互作用产物的结构特征以及 QSAR 参数，从分子角度进一步解释有机胶体对 PBDEs 环境行为的影响机理。

（4）研发 PBDEs 的荧光光谱测试技术，实现 PBDEs 的在线测试分析

针对环境中的主要 PBDEs，在不同波长范围内分析其荧光光谱特征。在不同 pH 和有机质含量条件下，分析环境变量对其荧光特征的影响，建立 PBDEs 原位分析的光谱技术。在此基础上，应用该技术进行 PBDEs 迁移行为的在线测试分析，为 PBDEs 环境行为的研究提供新的技术手段。

1.3.3　技术路线

本专著研究的技术路线见图 1.4。

首先，对新兴全球性持久性有机污染物 PBDEs 进行文献调研和资料收集，针对 PBDEs 全球循环研究的空缺区——地下水领域，被忽略的面状污染源——污水灌溉等问题，以典型的污灌区——山西省太原市小店污灌区作为研究区，开展与地下水中 PBDEs 污染以及行为特征相关的研究，提出"PBDEs 在地下水中如何分布""疏水性的 PBDEs 如何穿透包气带进入地下水""PBDEs 在土壤－地下水系统中发生了怎样的行为过程"等关键问题。

其次，针对以上问题，（1）在研究区采集污水、污泥、土壤和地下水等样品并进行 PBDEs 测试分析，识别研究区主要 PBDEs 污染物，查明研究区土壤－地下水系统中 PBDEs 的分布特征和污染来源；（2）在野外调查的基础上，针对主要 PBDEs 污染物开展 PBDEs 在土壤、石英砂、胶体等的静态吸附实验和动态柱实验，识别 PBDEs 的吸附和迁移行为特征；（3）根据野外调查和室内吸附实验以及动态柱实验数据，建立胶体作用下 PBDEs 在饱和多孔介质中迁移过程的数值模型，建立典型胶体与 PBDEs 分子相互作用的三维结构，从而识别胶体对 PBDEs 地球化学行为的影响机理。

在以上研究的基础上，构建污灌区包气带土壤－地下水系统中 PBDEs 的迁

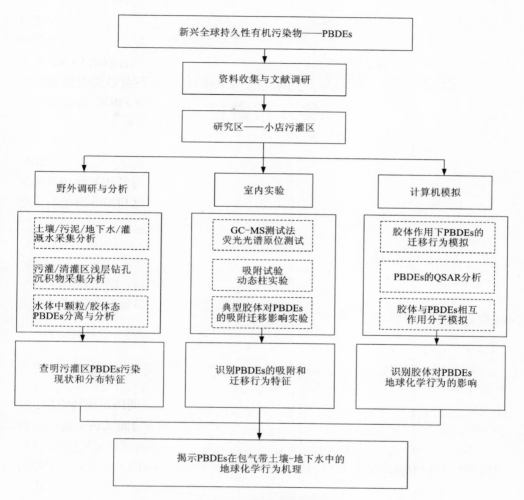

图 1.4 论文研究技术路线

移模型，进一步揭示 PBDEs 穿透包气带进入地下水的行为机理。

此外，在实验的过程中，基于传统 GCMS 分析 PBDEs 存在样品损失、测试过程繁琐等问题，首次提出了利用荧光光谱法在线分析 PBDEs 并进行其迁移机理方面的室内应用研究。

第 2 章 小店污灌区 PBDEs 污染水平及分布特征

2.1 采样与方法

2.1.1 研究区概况

（1）自然地理

太原市小店区位于太原盆地中南部，市区的东南端。北与迎泽区相依，西与晋源区隔河相望，南与清徐县为邻，东与晋中市接壤。总面积约 295 km²。该区西临汾河，南濒潇河。汾河在西界南北流长约 30 km，多年平均实测径流量（1956—1987 年）为 4.10 亿 m³。潇河东西流长 15 km。两条河流在西南部的洛阳村西交会，由于上游水资源的调蓄利用，除放水季节和雨季外，基本无清水径流，已成为区内的重要排污河。

（2）气候条件

研究区属暖温带大陆性气候，多年平均降水量为 462 mm，时空分布极不均匀，7、8、9 月降水量最大，约占全年总降水量的 62%，12 月至次年 2 月降水量最小，约占全年降水量的 2%。本区年平均气温为 9.5℃，最高气温在 7 月，平均为 23.5℃，最低气温在 1 月，平均为 −6.8℃，历年极端最高气温 39.4℃（1955 年 7 月 24 日），极端最低气温为 −25.5℃（1958 年 1 月 26 日）。多年平均蒸发量为 1812.7 mm，5—6 月最大（280 mm），而 1 月及 12 月最小（40 mm）。蒸发量为降水量的 4 倍左右。

（3）地形地貌

小店区地处太原盆地中部、汾河东岸、潇河以北，主体为两河之冲积平原区，东北角跨入太原东山。地形东高西低，北高南低，总趋势是由东北向西南缓缓倾斜，东北部山区石咀村东海拔标高为 1187 m，为最高点，中部平原地段海拔标高多在 775 m 左右，西南汾河冲积平原区最低，海拔标高为 722 m，如图 2.1 所示。

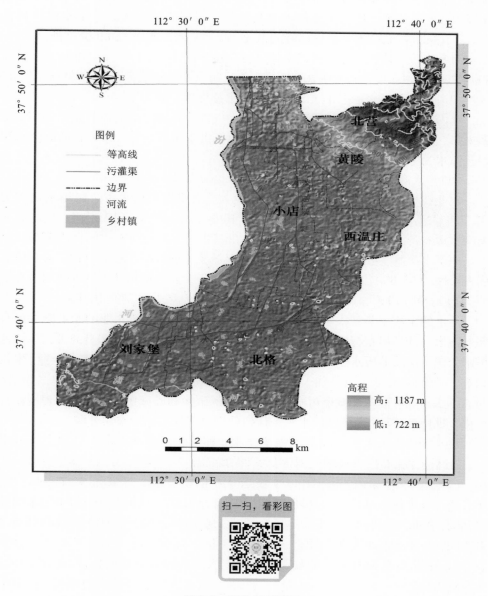

图 2.1　研究区地形图

（4）水文地质

依据含水层岩性及赋存的分布规律，研究区内的地下水主要分为松散岩类孔隙水、碳酸盐岩裂隙岩溶水和碎屑岩裂隙孔隙水三类。浅层孔隙水含水层主要是全新统、上更新统亚砂土夹砂层及砂砾石层，根据小店污灌区地下水流场的特点，研究区可以划分为 4 个局部流动系统，其水文地质剖面图如图 2.2 所示。

研究区内小店镇、寺庄村以南地区水位埋深为 1.3～1.67 m，单井涌水量为 500～700 m^3/d；北部地区在 20 世纪 90 年代初单井涌水量为 500～700 m^3/d。东部洪积扇区单井涌水量多小于 500 m^3/d，水位埋深一般为 2～5 m。

区内浅层地下水主要接受灌溉入渗、大气降水入渗、山前河谷洪水渗漏、渠系入渗、汾河和潇河的渗漏补给。排泄主要以潜水蒸发、人工开采和越流补给深层孔隙水为主。

（5）污水灌溉现状

农业在小店区国民经济中所占比重较大，农业灌溉用水占全区用水比例为 68.36%。小店区灌溉面积为 19.3 万亩，其中污灌面积高达 10 万亩。全区农业灌溉水源有汾河水、地下水（井水）和污水，其中污水灌溉所占比例高达 57%。

地下水灌溉主要集中在西温庄乡、刘家堡乡、小店街办和北格镇，其中西温庄占全区的 45.8%，其次为小店街办，占 22.9%，北格镇和刘家堡乡分别占总量的 11.1% 和 10.1%，其余 5 个乡镇的井灌量仅占全区井灌量的 10.1%。

污水的来源主要是太原市区的城市生活污水、附近工矿企业的工业废水还有部分污水处理厂出水与两者混合之后的污水。工业废水一部分来自北部太原钢铁集团公司所排放的废水，一部分来自区内太原市经济技术开发区工业企业（生物制药、制造业、电镀、食品加工等工业）排放的废水。

小店区现有的两座城市污水处理厂——杨家堡和殷家堡城市污水处理厂设备老化，处理能力低，大部分污水未经任何处理直接排放用于农田灌溉。

污水主要经由小店区境内三条主干渠，即北张退水渠、东干渠和太榆退水渠，通过网罗密布的支渠输送到各个乡镇的农田。

（1）流入东干渠内的灌溉用水主要是汾河水库的库水、沿途汇入的生活污水，还有经过杨家堡污水处理厂处理过的一部分工业废水。每年 3 月上旬汾河水库放水，3 月底 4 月初停水，用于沿途各乡镇的农业灌溉，东干渠只有在灌溉季节水量较大，平常除雨季排洪外水量一般较小。

（2）北张退水渠内主要是太原市区的生活污水和雨季时的山洪，水量较大，流量较为稳定，一年四季流淌不息。近年来，由于国民经济的大力发展，位于小店区境内的太原市经济技术开发区每年向该渠排放工业废水，导致其污水成分非常复杂。

扫一扫，看彩图

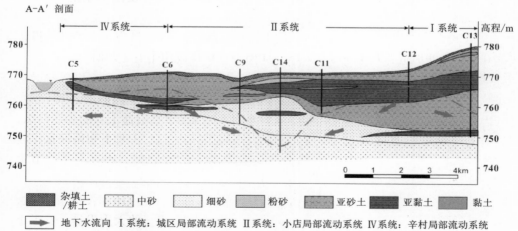

图 2.2　浅层孔隙地下水流场分布及 A-A′水文地质剖面示意图

（3）太榆退水渠发源于与小店区接壤的晋中市榆次区，排放的主要是榆次区化工企业的工业废水，在小店境内的北格镇梁家村附近与北张退水渠交汇，最终经潇河排入汾河。从以往关于三条主干渠的一些水质监测资料来看，东干渠的灌溉水质优于北张退水渠和太榆退水渠，而太榆退水渠的水质最差。全区固定渠道长度为 688 km，其中未防渗灌溉渠道为 129 km，占固定灌溉渠道长度的 36.6%。

小店污水灌溉区主要分布在小店街办、西温庄乡、北格镇、刘家堡乡和黄陵街办的部分行政村，其灌溉方式及灌溉强度如表 2.1 所示。

表 2.1　太原市小店区灌溉模式

乡镇	作物类型	灌溉水源	灌溉时间及强度
北格镇	玉米	北张渠、太榆渠污水	每年平均灌溉 1.5 次，时间为春季 3 月底 4 月初，平均 220 m^3/亩次（一亩 = 666.7 m^2），不排水
	小麦	北张渠、太榆渠污水	每年浇 3 次，分别是春季 3 月底 4 月初、5 月中旬抽穗、6 月底，有时冬季为了保湿保温也要灌溉
	蔬菜	北张退水渠污水	流涧、梁家庄、西蒲、东蒲有蔬菜大棚，需要经常浇灌，缺水时即浇
小店街办	玉米	北张渠、东干渠污水、少量汾河水	每年平均灌溉 1 次，时间为春季 3 月底 4 月初，平均 150 m^3/亩次，一般情况不排水；遇干旱年份抽穗期再浇一次，80～90 m^3/亩次
	小麦	北张渠、东干渠污水、少量汾河水	每年浇 3 次，分别是春季 3 月底 4 月初、5 月中旬抽穗、6 月底，有时冬季为了保湿保温也要灌溉
	蔬菜	井水（地下水）	贾家寨、孙家寨、杜家寨、大村有多处蔬菜大棚，需要经常浇灌，缺水时即浇
西温庄乡	玉米	东干渠、太榆退水渠污水	每年平均灌溉 1 次，时间为春季 3 月底 4 月初，平均 180 m^3/亩次，不排水
	小麦	东干渠、太榆退水渠污水	每年浇 3 次，分别是春季 3 月底 4 月初、5 月中旬抽穗、6 月底，有时冬季为了保湿保温也要灌溉
	蔬菜	井水（地下水）	需要经常浇灌，缺水时即浇
刘家堡乡	玉米	汾河水、太榆退水渠	每年平均灌溉 1 次，时间为春季 3 月底 4 月初，灌溉量 120～150 m^3/亩次，用水 150～180 m^3/亩次，退水 30 m^3/亩次
	小麦	汾河水、太榆退水渠	每年浇 3 次，分别是春季 3 月底 4 月初、5 月中旬抽穗、6 月底，有时冬季为了保湿保温也要灌溉
	蔬菜	井水（地下水）	需要经常浇灌，缺水时即浇

2.1.2　样品采集与 GC 测试分析

1）2011 年样品采集与分析

（1）样品采集

我们分别于 2011 年 11 月和 2012 年 8 月在小店污灌区开展土壤、污水、地下水样品的采集工作。样品采集位置分布如图 2.3 所示，分别沿着东干渠、北张退水渠和太榆退水渠采集污水样品，并进行水样中颗粒物的分级过滤，重点在北张退水渠和太榆退水渠交汇地段采集地下水、土壤以及污泥样品。

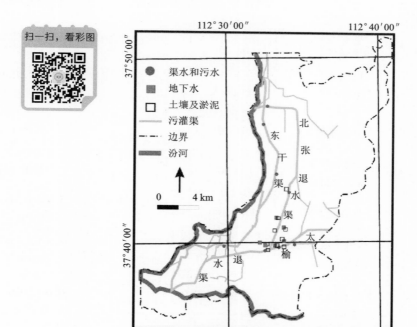

图 2.3　采样点分布图

第一次样品采集的目的是初步调查研究区内 PBDEs 污染现状，样品采集信息如表 2.2 所示。本次共采集 3 个表层土壤样品（0～20 cm 深度）、1 个污泥样（污灌渠底清出来的淤泥，有恶臭味）、2 个浅层地下水样（约 2 m 深度）和 1 个污水样。土样采集时避开植物根系，并用灭菌后的铝箔纸包装好置于聚乙烯塑料密封袋中，带回实验室自然风干后避光保存。水样用 1 L 的棕色具塞玻璃瓶采集，避免瓶口进入空气，采集当天利用 2215 - C18 膜（Empore，3M 公司，美国）过滤，再用铝箔纸包好过滤膜，并置于密封袋中，带回实验室于冰箱内 0℃保存并在一周内完成样品预处理。

（2）试剂与仪器

7890A 气相色谱仪（美国安捷伦公司），配有微型电子捕获检测器；旋转蒸发仪（RE52AA 型，上海亚荣生化仪器厂）；氮气吹干仪（DC－12 型，上海安谱公司）；8 种 PBDEs 混标：BDE28，47，99，100，153，154，183 和 209，购自美国 AccuStandard 公司；正己烷（99.5%，美国 TEDIA 公司）、二氯甲烷、丙酮（农残级，美国 J. T. Baker 公司）；硅胶（100～200 目）。

表 2.2　研究区 2011 年样品采集信息统计表

样品编号	采样地点	采样深度/cm	经纬度	备注
XD01	北张退水渠中段	0～20	112°32′52.2″E 37°39′58.2″N	污灌土样
XD02	北张退水渠	渠底淤泥	112°32′45.1″E 37°39′41.8″N	
XD03	北张退水渠下段	0～20	112°32′56.2″E 37°39′43.2″N	污灌土样
XD04	北张退水渠与太榆退水渠交汇处	0～20	112°32′44.8″E 37°39′42.1″N	污灌土样
XGW01	北张退水渠	170～180	112°32′44.8″E 37°39′42.1″N	XD04 处同时采集浅层地下水
XGW02	北张退水渠与太榆退水渠交汇处	190～200	112°32′52.2″E 37°39′58.2″N	XD01 处同时采集浅层地下水
XWW03	太榆退水渠中段	0～20	112°32′55.6″E 37°39′43.4″N	污水样

（3）样品预处理

自然风干的土样进行研磨并过 60 目筛。称取 10.0 g 过筛后的样品用滤纸包好，置于索氏抽提装置，加入丙酮和正己烷（各 75 mL）进行萃取，萃取时间为 18～24 h。萃取后的溶液经旋转蒸发至 2 mL 后转移到多级复合层析柱内进行净化，层析柱自下而上为：6 cm 氧化铝、2 cm 中性硅胶、5 cm 碱性硅胶、2 cm 中性硅胶、6 cm 酸性硅胶和 1 cm 无水硫酸钠。再用 70 mL 正己烷和二氯甲烷混合液（1:1，体积比）洗脱层析柱，洗脱液旋转蒸发后氮吹至 1 mL，转移到 2 mL 棕色顶空进样瓶，备测。

土样中三～七溴联苯醚采用 GC－μECD 法测定。色谱柱采用 HP－5 毛细管色谱柱(30 m × 0. 32 mm, 0. 25 μm);柱升温程序如下:初始温度为 85℃,保持 2 min,以 18℃/min 升温至 320℃,保持 3 min;进样口温度为 280℃;载气为高纯氮气(≥99.99%),流量为 3 mL/min;不分流进样,进样量为 1 μL;检测器温度为 320℃,尾吹气流量为 25 mL/min。

　　根据 PBDEs 标准品的保留时间定性,其色谱图见图 2.4。由于十溴联苯醚 BDE209 易分解[89],在图 2.4 中未见出峰。样品的定量分析采用外标法,配制 PBDEs 浓度分别为 10 μg/L、20 μg/L、50 μg/L、100 μg/L、400 μg/L 系列标准溶液,建立浓度 X – 峰面积 Y 的定量曲线。上述仪器条件检测得到的结果如表 2.3 所示。可见:三 ~ 七溴联苯醚在较宽的浓度范围内有良好的线性相关性,相关系数(R^2)为 0. 9932 ~ 0. 9997。此外,PBDEs 混标的空白加标回收率为 78. 6% ~ 86. 2%,RSD($n = 3$)为 5. 2% ~ 15. 2%。

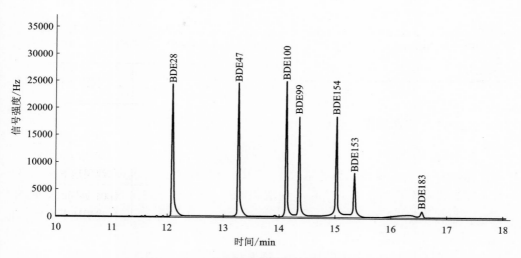

图 2.4　三 ~ 七溴联苯醚标样色谱图(HP – 5)

表 2.3　PBDEs 单体的保留时间、回归方程和回收率

名称	保留时间 /min	浓度 /(μg · L^{-1})	回归方程	相关系数 R^2	回收率 /%	RSD/% ($n = 3$)
BDE28	12. 083	0 ~ 400	$y = 112.2x - 840.6$	0. 9940	78. 6	10. 2
BDE47	13. 267	0 ~ 400	$y = 116.3x - 475.3$	0. 9993	72. 4	10. 6
BDE100	14. 121	0 ~ 400	$y = 106.7x - 283.4$	0. 9996	81. 9	5. 2
BDE99	14. 350	0 ~ 400	$y = 94.1x - 782.2$	0. 9948	80. 1	12. 8
BDE154	15. 016	0 ~ 400	$y = 106.1x - 268.1$	0. 9997	84. 7	8. 4

续表 2.3

名称	保留时间/min	浓度/(μg·L⁻¹)	回归方程	相关系数 R^2	回收率/%	RSD/% ($n=3$)
BDE153	15.338	0~400	$y = 70.7x - 643.1$	0.9952	86.2	6.4
BDE183	16.546	0~400	$y = 13.7x - 173.8$	0.9932	79.4	15.2

水样滤膜按照土样的萃取、净化等过程进行处理,待测液送到北京理化分析测试中心采用气相色谱 - 质谱(GC - MS)法测定,方法检出限见表 2.4。

表 2.4　GC - MS 测定 PBDEs 方法的检出限　　　　　单位: μg/L

名称	BDE47	BDE100	BDE99	BDE85	BDE154	BDE153
检出限	0.01	0.02	0.08	0.04	0.06	0.02

名称	BDE183	BDE197	BDE203	BDE196	BDE207	BDE209
检出限	0.02	0.10	0.10	0.10	0.03	0.02

2)2012 年样品采集与分析

(1)样品采集

在 2011 年初步调查结果的基础上,2012 年补充采集土壤沉积物、地下水及污水样品。本次共采集 3 个钻孔土壤沉积物样(2 个位于污灌区,1 个位于清灌区)、9 个污水样、3 个浅层地下水样(2 m 左右)、2 个深层地下水样(400 m 左右)。其中,浅层地下水样品依次过 2 μm、0.65 μm、0.45 μm、0.22 μm 和 0.1 μm 滤膜(表 2.5 中带 * 的样品),各层滤膜以及最后的滤出液均带回实验室进行 PBDEs 分析。

表 2.5　研究区 2012 年样品采集信息统计表

样品编号	采样地点	经度	纬度	备注
TYW1201*	杨家堡污水处理厂退水池	37°47′19.1″	112°33′12.5″	渠水
TYW1202*	东干渠—小马村	37°46′32.0″	112°32′24.1″	渠水
TYW1203*	东干渠—李家庄	37°43′33.8″	112°33′9.6″	渠水
TYW1204*	东干渠—东柳林桥	37°39′4.8″	112°28′42.2″	渠水
TYW1205*	北张退水渠	37°39′54.1″	112°32′50.2″	渠水

续表 2.5

样品编号	采样地点	经度	纬度	备注
TYW1206*	太榆退水渠—梁家庄	37°39′43.5″	112°32′56.3″	渠水
TYW1207*	北张退水渠	37°39′41.8″	112°32′45.5″	浅层地下水（<2 m）
TYW1208*	太榆退水渠	37°39′42.9″	112°32′50.3″	浅层地下水（<2 m）
TYW1211*	北张退水渠—流涧	37°40′54.6″	112°33′18.2″	浅层地下水（<2 m）
TYW1212	流涧—井水（清灌区）	37°41′2.2″	112°33′19.5″	地下水（>400 m）
TYW1213*	北张—温家堡	37°41′39.7″	112°33′41.6″	渠水
TYW1214	贾家寨庄稼地（清灌区）	37°41′52.7″	112°32′36.6″	地下水（>400 m）
TYS1207	北张退水渠	37°39′41.8″	112°32′45.5″	沿深度分 5 层采集土壤沉积物，每层 30~40 cm
TYS1208	太榆退水渠	37°39′42.9″	112°32′50.3″	沿深度分 5 层采集土壤沉积物，每层 30~40 cm
TYS1210	北张退水渠—流涧	37°40′54.6″	112°33′18.2″	沿深度分 5 层采集土壤沉积物，每层 30~40 cm
TYS1212	流涧—井水（清灌区）	37°41′2.2″	112°33′19.5″	附近采集表层土壤样
TYS1214	贾家寨庄稼地（清灌区）	37°41′52.7″	112°32′36.6″	附近采集表层土壤样

（2）试剂与仪器

本次所有采集的样品均在美国西北太平洋国家实验室利用 GC - EI - MS（Agilent 19091S_433）完成分析。PBDEs 标准采用 14 种混标（BDE17，28，47，66，71，85，99，100，138，153，154，183，190 和 209），购自 AccuStandard 公司。

（3）测试分析

GC 分离采用 HP - 5 色谱柱（30 m × 250 μm × 0.25 μm）。仪器条件和参数如表 2.6 所示。

表 2.6　GC – MS 测试分析 PBDEs 的仪器条件

GC – MS 设置		色谱柱设置		炉温设置		
进样方式	不分流进样	模式	恒压	初始	110℃	
气体	氦气	进样	前端	@20℃	260℃	保样 10 min
加热温度	300℃	检查器	MSD	@5℃	280℃	保样 8 min
压力	10 psi	出口	真空	加热器	97℃	
流速	3.6 mL/L	压力	10 psi	H₂流速	0.2 mL/min	
吹洗速度	20 mL/min @0 min	流速	0.9 mL/min	空气流速	0 mL/min	
气体保护	20 mL/min @2 min	平均流速	36 cm/s			

注：1 psi = 6.8947 Pa。

PBDEs 的仪器定性分析扫描离子分别为：m/z = 248，406，408（三溴），326，486，488（四溴），404，406，564（五溴），643，484，482（六溴），562，456，722（七溴），797，799，959（十溴）。三～六溴联苯醚标样的 SIM 色谱图如图 2.5 所示。样品的定量分析采用外标法，配制 PBDEs 混标的 20 μg/L、100 μg/L、200 μg/L、500 μg/L 和 1000 μg/L 标准溶液，建立浓度 X – 峰面积 Y 的定量曲线进行定量分析。样品回收率为 75%～96%，RSD 为 4%～20%。样品测试结果未进行回收率校正。

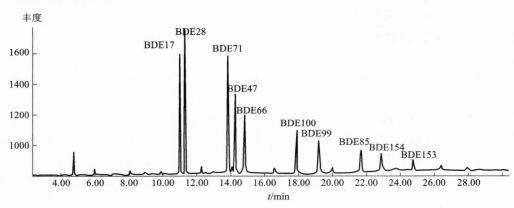

图 2.5　三～六溴联苯醚标样的 SIM 色谱图（HP – 5）

3）土壤及沉积物的物理化学性质分析

土壤酸碱度等指标的测试参考《土工实验方法标准》（GB/T 50123—2019）。首先，风干土样研磨过 2 mm（10 目）筛后称取 20 g，放入 150 mL 锥形瓶中，加入去离子水 100 mL(土水体积比为 1∶5),用保鲜膜封口,将锥形瓶置于电动振荡器上振荡 3 min,静置 30 min。之后,取上清液测定 pH、电导率和氧化还原电位。

土壤有机质含量的测试采用 550℃烧失量法[90]。首先,将空坩埚置于马弗炉中,经 95℃灼烧 30 min,取出后在干燥器中冷却 20 min,称取质量,然后在相同温度中灼烧 30 min 后取出,冷却称重。如此重复直至前后两次质量相差不超过 0.5 mg,即恒重,此为灼烧的空坩埚的质量。然后,称取 0.5 g 干样到已知质量的坩埚中,放入 105℃烘箱中烘干 12 h 后取出,立即放入干燥器中冷却后称量,记录质量。之后将坩埚转移到马弗炉中升温至 550℃,灼烧 5 h,在干燥器中冷却后称量,记录质量后计算。

烧失量的计算公式为:

$$W_{LOI} = (M_3 - M_2)/(M_3 - M_1) \times 100\%$$

式中:W_{LOI}表示土壤烧失质量分数;M_1表示灼烧后空坩埚质量,g;M_2表示灼烧后样品加坩埚质量,g;M_3表示灼烧前坩埚加干样质量,g。

2.2 结果与讨论

2.2.1 土壤中 PBDEs 的分布特征

表层土壤中 PBDEs 的测试结果如图 2.6 所示。结果显示:污水灌溉的表层土壤、污泥甚至清水灌溉的表层土壤中均检测到 PBDEs 污染物。这表明小店灌区表层土壤普遍受到 PBDEs 的污染,且除污水灌溉外,存在其他污染来源。表层土壤中 PBDEs 的污染水平分别为:BDE17, n. d ～ 0.96 ng/(g 干重);BDE28, 0.70 ～ 9.04 ng/(g 干重);BDE47, 1.1 ～25.75 ng/(g 干重);BDE66, 1.24 ～ 4.35 ng/(g 干重);BDE71, 5.69 ～ 10.63 ng/(g 干重);BDE85, 2.74 ～ 4.11 ng/(g 干重);BDE99, n. d ～10.42 ng/(g 干重);BDE100, n. d ～34.66 ng/(g 干重);BDE153, 0.34 ～ 16.25 ng/(g 干重);BDE154, 1.25 ～ 16.44 ng/(g 干重);BDE 183, 1.94 ～31.12 ng/(g 干重)。

2011 年采集的土壤样品中检测到的主要 PBDEs 污染物为 BDE47、BDE100、BDE154 和 BDE153[图 2.6(a)]。而 2012 年采集的土壤样品中检测到的主要 PBDEs 污染物为 BDE71、BDE85、BDE99 和 BDE154[图 2.6(b)]。可见,土壤中主要 PBDEs 污染物种类随环境改变有所变化。

野外观察显示,PBDEs 在土壤中有显著的垂向迁移能力[75]。本研究的三个浅层钻孔中,PBDEs 随深度的分布如图 2.7 和图 2.8 所示。结果显示:不同钻孔中 PBDEs 同系物随深度的变化有所不同。

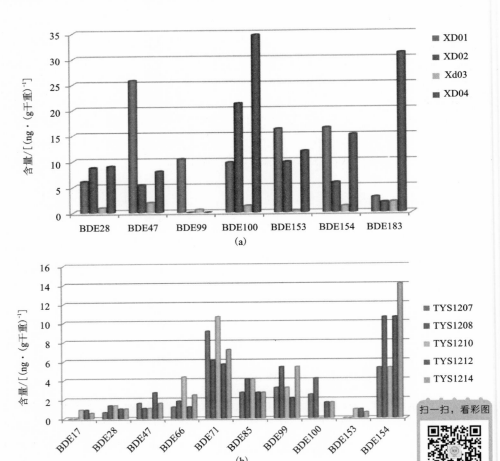

图 2.6 2011(a)和 2012(b)年小店区表层土壤中 PBDEs 的含量水平

对于污水灌溉的 TY1207 而言，高含量的 BDE17、BDE66 和 BDE100 出现在表层土壤(0～30 cm 深度)，高含量的 BDE28 和 BDE47 主要分布于 30～60 cm 深度，高含量的 BDE71、BDE85、BDE99 和 BDE154 出现在 60～90 cm 深度。整体上，高含量的 PBDEs 集中在 0～90 cm 深度。

对于污水灌溉的 TY1208 而言，PBDEs 的分布则比较均匀，这可能是该钻孔内的沉积物的岩性相对均一的原因导致的。对于清水灌溉的 TY1210 而言，高含量的 BDE17、BDE71 和 BDE153 出现在土壤表层 0～30 cm 深度，高含量的 BDE100 出现在 30～60 cm 深度，高含量的 BDE47、BDE99 和 BDE153 主要分布于 120～150 cm 深度。

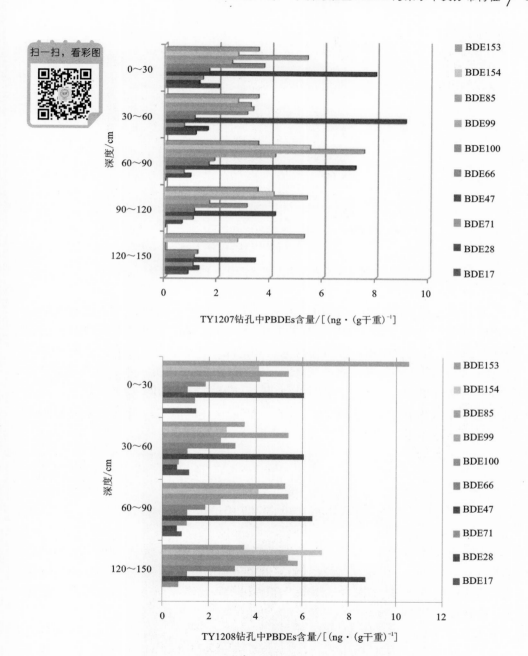

图 2.7　小店区污水灌溉的土壤沉积物中 PBDEs 的垂向分布

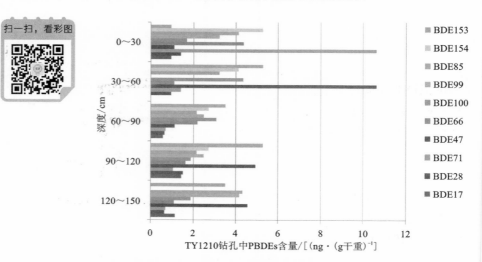

图 2.8　小店区清水灌溉的土壤沉积物中 PBDEs 的垂向分布

　　除了污水灌溉可能引入 PBDEs 污染物以外，农用地膜也可能造成土壤中的 PBDEs 污染[39]。我国标准规定合格的农用塑料薄膜（即农用地膜）中 PBDEs 的含量≤5 μg/g，并建议使用农膜后进行拣拾和清除。然而，小店污灌区普遍发现农用地膜的残留物（图 2.9），通过调查发现当地的农作物种植每年均利用地膜，却较少进行清除处理。残留在土壤中的地膜可能释放出 PBDEs 并进一步吸附在土体上造成土壤污染，而地膜中释放出来的 PBDEs 在灌溉水以及降雨入渗作用下也可能进入地下水，造成地下水中的 PBDEs 污染。

图 2.9　研究区土壤样品中混杂的农用地膜

2.2.2　土壤性质对 PBDEs 分布的影响

土壤有机质(soil organic matter, SOM)被认为是控制疏水性有机污染物在土壤或沉积物中分布的重要因素[91]。大量研究证明有机物在土壤上的吸附量与土壤中有机质的含量具有明显的相关性。Karichkhoff 等发现,芘等疏水性有机污染物在沉积物上的吸附量与沉积物的有机质含量线性相关,Chiou 等研究认为吸附剂中的有机质是主要的吸附来源,并建立了疏水性有机物的分配性吸附机理[92]。然而也有研究发现,疏水性有机物的吸附与吸附剂中有机质含量之间的相关性较差,Schwarzenbach 和 Westall 的研究结果验证了该结论[92]。已有的 PBDEs 研究指出,SOM 与土壤或沉积物中 PBDEs 的含量存在显著的相关性[93, 94]。然而,本研究中,图 2.10(a)显示出不同 PBDEs 与 SOM 的相关性有所不同。基本上,高含量的 BDE47、BDE99 和 BDE154 主要出现在 SOM 含量在 3.5% 的样品中,而对于其他同系物如 BDE28、BDE100、BDE153 和 BDE183,SOM 含量 >6% 的样品中含量最高。

酸碱度是表征土壤特征的重要参数之一,不同 pH 条件下,土壤对有机物的吸附量有所不同。研究发现,对于易电离的物质,例如有机碱解离产生的阳离子可以强烈地吸附到带负电荷的土壤上。本研究中,图 2.10(b)显示,pH 与土壤中 PBDEs 的含量没有明显的相关性。

2.2.3　污水和地下水中 PBDEs 的含量水平

小店灌溉区污水中 PBDEs 的含量水平如表 2.7 所示。从中可以发现,污水中的 PBDEs 主要是低溴代联苯醚 BDE47、BDE28 和 BDE99,其含量水平分别为 14.80 ~ 86.52 ng/L、25.53 ~ 63.18 ng/L 和 n.d ~ 93.32 ng/L。

小店污灌区浅层地下水中 PBDEs 的含量水平如表 2.8 所示。从中可以发现,除了污水样品之外,浅层地下水样品中也检测到 PBDEs,其主要 PBDEs 污染物同样主要是低溴代联苯醚,为 BDE47、BDE28 和 BDE100,含量水平分别为 13.47 ~ 16.89 ng/L、5.58 ~ 15.32 ng/L 和 11.18 ~ 11.80 ng/L。

综上,BDE47 和 BDE28 为污水和浅层地下水中的主要 PBDEs 污染物,且其在污水中的含量高于浅层地下水中的含量,暗示浅层地下水中的 PBDEs 污染物主要来源于污水灌溉。

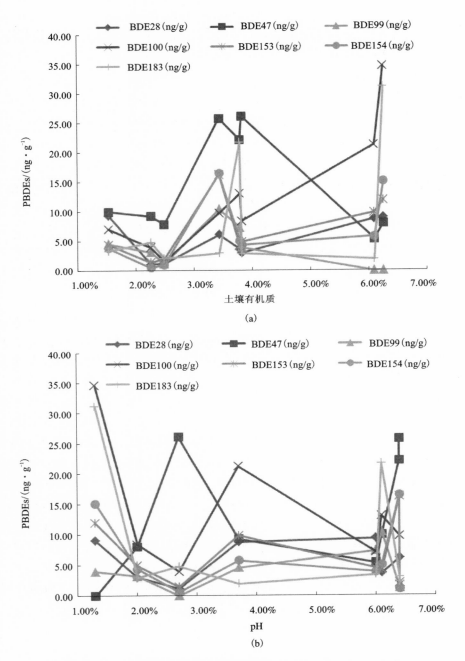

图 2.10 灌区土壤中 PBDEs 与有机质含量(a)和 pH(b)的关系曲线

表 2.7　小店灌区污水样品中 **PBDEs** 的含量水平　　　　　单位：ng/L

编号	BDE17	BDE28	BDE71	BDE47	BDE66	BDE100	BDE99	BDE85	BDE154	BDE153
TYW1201	12.98	25.53	11.95	14.80	22.44	n.d	39.99	n.d	n.d	n.d
TYW1202	n.d	63.18	n.d	86.52	n.d	n.d	93.32	n.d	n.d	n.d
TYW1205	n.d	26.64	n.d	35.10	n.d	n.d	34.99	43.58	n.d	n.d
TYW1206	n.d	56.16	n.d	66.03	n.d	n.d	n.d	n.d	n.d	n.d

表 2.8　小店灌区浅层地下水样品中 **PBDEs** 的含量水平　　　　　单位：ng/L

编号	BDE17	BDE28	BDE71	BDE47	BDE66	BDE100	BDE99	BDE85	BDE154	BDE153
TYW1207	n.d	5.58	11.42	13.47	n.d	11.80	n.d	n.d	n.d	n.d
TYW1208	n.d	15.32	n.d	16.89	n.d	11.18	22.08	n.d	n.d	n.d

2.2.4　PBDEs 在水体悬浮颗粒物中的分配特征

PBDEs 具有强亲脂性和低水溶性，一旦进入水体，便被水中悬浮颗粒物吸附。有关水体中溶解相及颗粒相中 PBDEs 的分配研究发现，颗粒物含量是水体中 PBDEs 含量的主要控制因素[95]。而地表水体中 70% ~ 80% 的 PBDEs 是以胶体微粒的形式存在的。

本研究中，对水体中的悬浮颗粒物进行分级过滤并测试不同粒径颗粒物上 PBDEs 的含量，其分布特征如图 2.11 所示。研究发现：不同粒径的颗粒物上 PBDEs 污染物的种类及浓度分布特征显著不同。三溴联苯醚（BDE17 和 BDE28）主要分布在 0.22 ~ 0.45 μm 和 0.65 ~ 0.2 μm 粒径的悬浮颗粒物上，较少赋存于 > 2 μm 粒径的颗粒物上。四溴联苯醚 BDE47、BDE66 和 BDE71 主要分布在 0.45 ~ 0.65 μm 和 0.65 ~ 2 μm 粒径的悬浮颗粒物上，部分水样 TYW1213、TYW1202、TYW1204 以及 TYW1205 中 0.1 ~ 0.22 μm 粒径的颗粒物上也检测到较高含量的四溴联苯醚。五溴联苯醚（BDE85、BDE99 和 BDE100）以及六溴联苯醚（BDE153 和 BDE154）也主要分布在 0.45 ~ 0.65 μm 和 0.65 ~ 2 μm 粒径的颗粒物上。

整体而言，PBDEs 趋向于分布在 < 2 μm 粒径范围的颗粒物上。而随着溴原子个数的增加，PBDEs 有向较大颗粒物赋存的倾向。

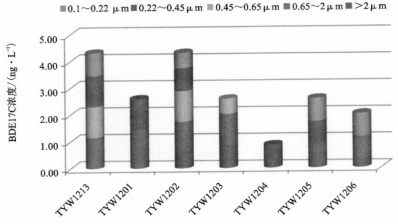

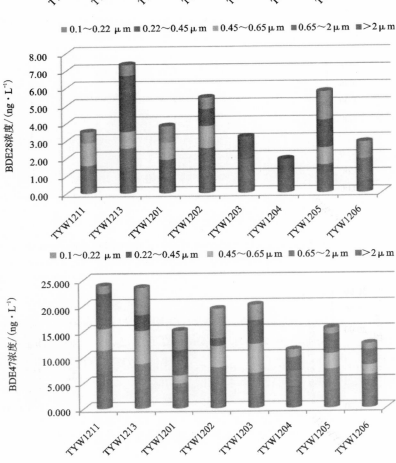

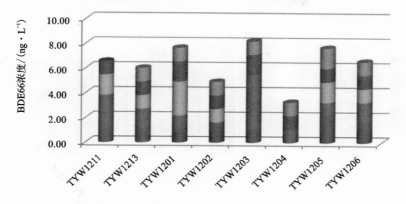

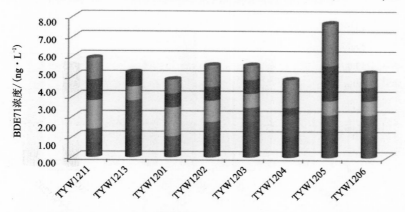

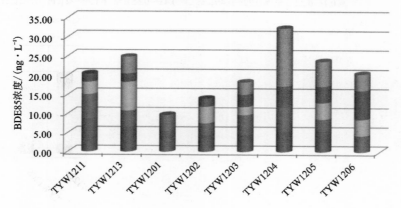

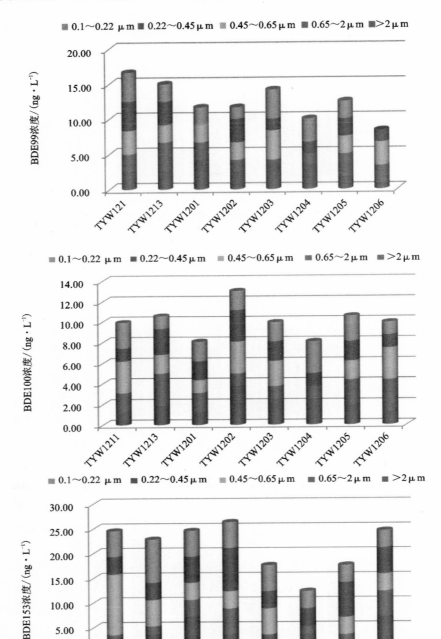

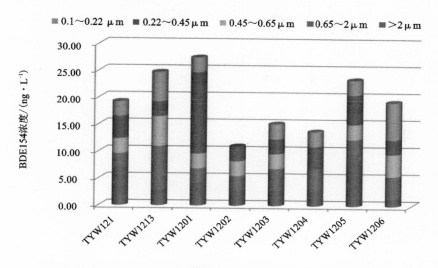

图 2.11　PBDEs 在水体中不同粒径的胶体以及颗粒物上的分配

2.3　小结

采集太原市小店污灌区的土壤、污水以及地下水样本进行 PBDEs 测试分析发现：研究区内的土壤和水体中均检测到 PBDEs 污染物，污水灌溉是灌溉区内 PBDEs 的主要污染来源，农用地膜的普遍使用可能是土壤以及地下水中 PBDEs 的另一潜在污染源，因为地膜中含有的 PBDEs 可能在淋滤作用下释放到环境中。

（1）2011 年研究区内土壤样品中主要 PBDEs 污染物为 BDE47、BDE100、BDE154 和 BDE153，而 2012 年土壤样品中主要 PBDEs 污染物为 BDE71、BDE85、BDE99 和 BDE154，表明土壤中 PBDEs 污染物的种类随时间以及环境变化而有所不同。

（2）研究区内 PBDEs 种类以及含量随深度的分布变化研究发现，污水灌溉的钻孔中高含量的 BDE17、BDE66 和 BDE100 出现在表层土壤（0～30 cm 深度），高含量的 BDE28、BDE47 主要分布于 30～60 cm 深度，高含量的 BDE71、BDE85、BDE99 和 BDE154 则出现在 60～90 cm 深度。而清水灌溉的钻孔中高含量的 BDE17、BDE71、BDE153 出现在土壤表层 0～30 cm 深度，高含量的 BDE100 出现在 30～60 cm 深度，高含量的 BDE47、BDE99 和 BDE153 主要分布于 120～150 cm 深度。

（3）污水和浅层地下水中的主要 PBDEs 均为 BDE47 和 BDE28，并且污水中的含量高于浅层地下水中的含量，表明浅层地下水中的 PBDEs 主要来源于污水灌溉。

（4）对水溶液中不同粒径级别的悬浮颗粒物中 PBDEs 的测试分析发现，PBDEs 主要赋存于 <2 μm 的胶体及颗粒物上。

第 3 章　PBDEs 在多孔介质中的吸附特征

3.1　引言

在 PBDEs 的同系物中,十溴、五溴和八溴联苯醚是广泛使用的商用阻燃剂的主要成分[12]。然而,低溴代联苯醚 BDE28 和 BDE47 却最受关注,因为它们更为广泛地存在于各种环境介质中,对生物体具有强烈的神经毒害性以及致癌性[125],是高溴代联苯醚的主要还原产物[126,127]。土壤是挥发或半挥发的持久性有机污染物(POPs)积累并再释放的一个最为重要的源,POPs 在土壤颗粒(主要是土壤有机质)上的吸附作用影响了它们在环境中的迁移性、归宿以及生物可利用性[128]。然而,当前的研究仍然局限于 PBDEs 的地区分布、传输过程、生物影响以及降解作用[93,129-131],较少涉及 PBDEs 在天然沉积物上的吸附和迁移特征,以及环境因素对其地球化学行为的影响。

吸附是有机污染物最为常见的环境行为之一。当有机污染物进入土壤/沉积物后,与其中的矿物质及有机质等发生一系列的物理化学和生物反应,从而使大部分有机物固定在土壤或沉积物中,水相中的浓度则降低[92]。这些反应过程以及吸附作用机理均受到有机污染物分子结构与理化性质和土壤/沉积物的特性的影响。而固定在土壤/沉积物上的有机污染物在一定条件下又会被释放到水相或随其迁移至其他相中,进而危害人类及生物健康。

对于污灌区土壤–地下水系统中 PBDEs 的迁移而言,土壤或沉积物对 PBDEs 的吸附作用是阻碍其进入地下水的重要屏障,也是研究其迁移机理的基础。因此,本专著以太原市小店污灌区未被污染的土壤以及处理过的石英砂作为吸附剂,以研究区内水体中的主要 PBDEs 污染物——BDE28 和 BDE47 作为研究对象,进行 BDE28 和 BDE47 在土壤和石英砂上的吸附动力学和热力学实验,分析对比低溴代联苯醚在多孔介质中的吸附行为特征,从而为 PBDEs 的环境行为研究提供基础数据。

3.2 实验及方法

3.2.1 材料与试剂

2,4,4′–三溴联苯醚(BDE28)(50 μg/mL 溶于异辛烷)和 2,2′,4,4′–四溴联苯醚(BDE47)(50 μg/mL 溶于异辛烷)均购自 AccuStandard 公司(New Haven,CT,USA),样品纯度分别为 99.3% 和 100%。正己烷(HPLC 级,98.5% min by GC)购自美国 Fisher Scientific 公司。PCB209(99%,1 mL 100 μg/mL 溶于正己烷)购自 AccuStandard 公司,用作进样内标。BDE28 标准和 BDE47 标准混入丙酮(≥99.8%,Fisher Scientific,USA),再溶于背景溶液分别获得 50 μg/L BDE28 和 20 μg/L BDE47 的工作溶液。背景溶液为 0.01 mol/L $CaCl_2$ 和 200 mg/L 的 NaN_3,目的是控制离子强度并抑制可能发生的微生物降解行为[132]。

采集太原市小店污灌区未被污水灌溉的土壤,自然风干后去掉石块以及植物根系等,研磨并过 0.5 mm 筛后储存于黑暗环境中备用。利用 HANNA HI8424 pH meter/HI8733 Conductivity meter 测试该土壤的提取液 pH 为 8.45,偏碱性,电导率为 339 μs/cm,氧化还原电位为 –54.6 mV。利用 TOC 分析仪测得土壤中总碳、无机碳、有机碳含量分别为 3.18%、0.86% 和 2.32%。

石英砂(Accusand 40/60)首先用 0.25 mol/L NaOH 和 0.25 mol/L HCl 溶液浸泡去除杂质,然后用去离子水冲洗至 pH 稳定,自然风干后再置于 2 mol/L HCl 溶液中于 90℃ 条件下反应 24 h,进一步去除可能存在的铁氧化物、有机质和碳酸盐[133]。之后,利用 TOC 分析仪测得土壤中总碳、无机碳、有机碳含量分别为 0.14%、0.06% 和 0.08%。

3.2.2 吸附动力学实验

向 40 mL 具塞玻璃瓶中分别加入 10 mg 土壤和石英砂,分别加入 BDE28 和 BDE47 工作溶液至满,不留顶空,避免挥发对实验结果产生的干扰。盖塞后用石蜡封口膜密封,在黑暗环境中固定在旋转仪上以 8 r/min 速度混匀反应,不同时间采集样品进行预处理和分析。

样品预处理:样品瓶取下后,首先在黑暗环境中静置 2 h,以 1500 r/min 速度离心 5 min 后,采集 39 mL 上层清液,加入 1 mL 正己烷进行液液萃取,移取 0.8 mL 萃取液至 2 mL 棕色样品瓶待测,测试前加入内标物 PCB209。

3.2.3　吸附等温线

以 BDE28(50 μg/L)和 BDE47(20 μg/L)工作溶液为母液,利用背景溶液分别将其稀释到不同浓度的反应溶液,再分别加入装有 10 mg 土壤和 10 mg 石英砂的玻璃瓶中,反应达到平衡后采集样品进行处理并测试。样品预处理过程同上,GC – MS 上机测试前加入 PCB209 内标物。

为保证实验结果的准确性,吸附动力学和吸附等温线测试中每个样品均做两次重复。

3.2.4　GC – MS 测试分析

GC 分离采用 HP – 5 色谱柱(30 m × 250 μm × 0.25 μm)。BDE28 和 BDE47 标准溶液浓度系列为 100 μg/L、500 μg/L、800 μg/L、2000 μg/L 和 4000 μg/L,采用内标法进行定量分析,该样品分析在美国西北太平洋国家实验室利用 GC – EI – MS(Agilent 19091S_433)完成。

BDE28 的分析测试条件为:①柱升温程序为 110℃ 保持 1 min;25℃/min 速度升温至 260℃,保持 4.4 min;5℃/min 速度升温至 290℃,保持 2 min;②特征离子为 $m/z = 248$、406、408;内标物的特征离子为 $m/z = 498$、500;③电离源温度为 230℃,检测器温度为 250℃,进样口温度为 300℃,四级杆温度为 150℃;④无分流进样,进样量为 1 μL。

BDE47 的分析测试条件为:①柱升温程序为 110℃ 保持 1 min;25℃/min 速度升温至 260℃,保持 7.4 min;5℃/min 速度升温至 290℃,保持 0.5 min;②特征离子为 $m/z = 326$、486、488;内标物的特征离子为 $m/z = 498$、500;③电离源温度为 230℃,检测器温度为 250℃,进样口温度为 300℃,四级杆温度为 150℃;④无分流进样,进样量为 1 μL。

3.2.5　质量保证和控制

方法的检出限采用空白实验结果加 3 倍的标准偏差进行计算,计算结果显示 BDE28 和 BDE47 的浓度分别为 1.3 ng/L 和 2.0 ng/L。方法的准确度和精密度分别通过回收率及相对偏差来表征。准确性是通过向空白中加标准物质或向基质中加标准物质回收来控制。本研究中进行了两次空白加标回收实验,回收率分别为 93.12% 和 83.43%,相对偏差为 1.1% ~ 7.2%($n = 3$)。

3.2.6　吸附动力学模型

吸附过程的动力学研究主要是用来描述吸附剂吸附溶质的速率快慢,通过动力学模型对数据进行拟合,探讨吸附机理。几种常用的吸附动力学模型如下:

（1）吸附动力学一级模型：

吸附动力学一级模型采用 Lagergren 方程描述[134]，如下：

$$\frac{\mathrm{d}Q_t}{\mathrm{d}t} = k_1(Q_e - Q_t)$$

式中：Q_t 表示 t 时刻的吸附量，Q_e 为平衡态时的吸附量，单位都是 μg/kg；k_1 表示吸附速率常数，$\min^{-1}$。对上式进行积分后，得到如下形式：

$$\ln(Q_e - Q_t) = \ln Q_e - k_1 t$$

通过 $\ln(Q_e - Q_t) - t$ 关系曲线可获得 k_1。实际吸附系统中，吸附过程很慢，达到吸附平衡时所需要的时间太长，导致平衡吸附量 Q_e 很难准确测得，因此该模型局限于吸附初始阶段的动力学描述。

（2）吸附动力学二级模型

McKay 方程用来描述吸附动力学二级模型[135]，表达式如下：

$$\frac{\mathrm{d}Q_t}{\mathrm{d}t} = k_2(Q_e - Q_t)^2$$

对以上方程进行积分，得到如下形式：

$$\frac{t}{Q_t} = \frac{1}{k_2 Q_e^2} + \frac{1}{Q_e}t$$

作 $t/Q_t - t$ 曲线图可获得 k_2。若符合二级模型则说明吸附动力学主要是受化学作用所控制。

（3）颗粒内扩散模型

该模型最早由 Weber 等[136]提出，其表达式为：

$$Q_t = k_p t^{1/2}$$

式中：k_p 为颗粒内扩散速率常数，单位 $\mathrm{mg \cdot (g \cdot \min^{1/2})^{-1}}$，$k_p$ 值越大，吸附质越易在吸附剂内部扩散，由 $Q_t - t^{1/2}$ 的线形图的斜率可得到 k_p。根据内部扩散方程，以 Q_t 对 $t^{1/2}$ 作图可以得到一条直线，若存在颗粒内扩散，Q_t 对 $t^{0.5}$ 为线性关系，如果通过原点，则速率控制过程仅由内扩散控制。否则，将伴随有其他吸附机制。

（4）叶洛维奇（Elovich）动力学方程

该方程是对非均相扩散过程的描述，其表达式为：

$$Q_t = \frac{1}{\beta}\ln(\alpha\beta) + \frac{1}{\beta}\ln t$$

式中：α、β 为 Elovich 常数，分别表示初始吸附速率[g/(mg·min)]及解吸常数（g/mg）。

3.2.7　吸附热力学模型

吸附体系中，污染物在固相介质上的吸附量与其在液相浓度之间的依赖关系曲线为吸附等温线。不同有机物在不同条件下吸附等温线有所不同，因为分子结构和理化性质，以及固相介质的颗粒组成和理化特性等会影响有机物的吸附量。其中最为常用的有线性吸附模型、Freundlich 吸附等温式和 Langmuir 吸附等温式等[92]。

（1）线性吸附模型

线性吸附模型是最简单的平衡模型，该模型假定有机物在土壤/沉积物上的吸附量与其液相浓度成正比，即：

$$Q_e = K_d \cdot c_e$$

式中：C_e 为液相中污染物的浓度；K_d 为有机质/水分配系数。

以往对有机氯类农药、多环芳烃类在土壤和沉积物上吸附过程的研究结果均由线性模型描述，这是因为在液相中疏水性有机物的浓度较低，吸附力较弱。线性模型一般适用于吸附能量恒定、不随吸附质浓度变化的情况。在利用该模型研究有机污染物在环境中的行为和归宿问题时，浓度必须小于归纳该模型的液相中污染物的浓度范围[92]。

（2）Freundlich 吸附等温式

该模型用来描述吸附等温线是非线性的吸附现象。基本表达式为：

$$Q_e = K_f \times c_e^{1/n}$$

式中：K_f 为吸附作用强度；$1/n$ 为衡量等温线线性与否的参数。

也可以表达为如下公式：

$$\lg Q_e = \lg K_f + 1/n \times \lg c_e$$

式中：n 的取值决定吸附等温线的形状。如果 $n < 1$，吸附等温线将为 S 形；$n > 1$ 时，吸附等温线为 L 形；当 $n = 1$ 时，上述公式为线性方程。

（3）Langmuir 吸附等温式

虽然吸附剂上的位点有限，但是至今未发现污染物在吸附剂上吸附量的极限。对于超出或者低于用以求得吸附等式所用的浓度范围的吸附，应采用更复杂的等式来解决，最常见的即为 Langmuir 方程：

$$Q_e = \frac{Q_m \cdot K_a \cdot C_e}{1 + K_a \cdot C_e}$$

式中：Q_m 为单层吸附条件下的吸附容量；K_a 为表面吸附亲和性常数。

3.3 结果与讨论

3.3.1 吸附动力学特征

（1）BDE28 的吸附动力学特征

图 3.1 表示与土壤和石英砂发生吸附作用过程中，溶解态的 BDE28 浓度比随时间的变化，其中 C 表示某个时刻溶液中 BDE28 的浓度，C_0 表示初始溶液浓度，为 50 μg/L。总的来说，土壤和石英砂对 BDE28 的吸附可分为三个阶段，即极快吸附、快速吸附和慢吸附。

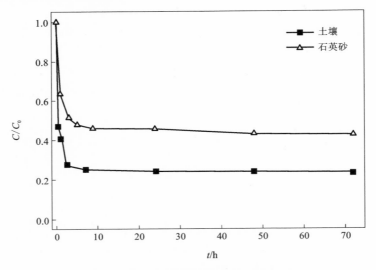

图 3.1　溶液中 BDE28 浓度比随时间的变化曲线

首先，极快吸附发生在约 1 h 内，溶液态 BDE28 被土壤或石英砂吸附后，BDE28 浓度分别降低为初始溶液的 40% 和 60% 左右；1～10 h 为快吸附阶段，土壤和石英砂对 BDE28 的吸附强度均降低，BDE28 的浓度分别从初始浓度的 40% 和 60% 降至 25% 和 45% 左右。从图中可以发现，极快吸附阶段，土壤对 BDE28 的吸附作用明显强于石英砂，而快吸附阶段，二者的吸附强度相差不大。这是因为极快吸附阶段主要是由有机物在样品表面水膜的扩散过程决定，与其表面水膜性质相关。而快吸附则是有机物取代表面水分子，真正吸附在内外表面的过程，与其疏水性相关[137]。24 h 后，溶液中 BDE28 的浓度下降基本稳定，该慢吸附阶段是 BDE28 进入样品内部微孔的过程。综上，BDE28 吸附平衡时间确定为 24 h。

　　图 3.2 表示 BDE28 在土壤和石英砂上吸附量随时间的变化曲线。从图中可以发现，BDE28 在土壤上的吸附量显著高于石英砂，这主要是因为土壤中有机质含量高于石英砂，而有机质含量通常被作为影响吸附剂吸附容量的最重要参数[132]。

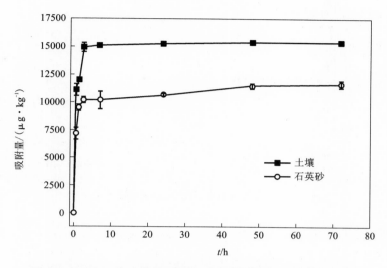

图 3.2　BDE28 在土壤和石英砂上的吸附量随时间的变化曲线

（2）BDE47 的吸附动力学特征

　　图 3.3 表示与土壤和石英砂发生吸附作用过程中，溶液态 BDE47 浓度比随时间的变化，其中 C 表示某个时刻溶液中 BDE47 的浓度，C_0 表示初始溶液浓度，为 20 μg/L。总的来说，同 BDE28 的吸附过程相似，土壤和石英砂对 BDE47 的吸附也分为三个阶段，即极快吸附、快速吸附和慢吸附。

　　首先，极快吸附发生在约 30 min 内，溶液态 BDE47 被土壤或石英砂吸附后，BDE47 浓度分别降低为初始溶液的 35% 和 70% 左右；然后，30 min ~ 5 h 为快吸附阶段，土壤和石英砂对 BDE28 的吸附强度均降低，BDE28 的浓度分别从初始浓度的 35% 和 70% 降至 25% 和 52% 左右。从图中可以发现，同 BDE28 吸附过程相似，极快吸附阶段土壤对 BDE47 的吸附作用也强于石英砂，而快吸附阶段，二者的吸附强度相差不大，这是因为极快吸附阶段主要是由有机物在样品表面水膜的扩散过程决定，与其表面水膜性质相关。而快吸附则是有机物取代表面水分子，真正吸附在内外表面的过程，与其疏水性相关[137]。24 h 后，溶液中 BDE47 的浓度下降基本稳定，该慢吸附阶段是 BDE47 进入样品内部微孔的过程。综上，BDE47 吸附平衡时间确定为 24 h。

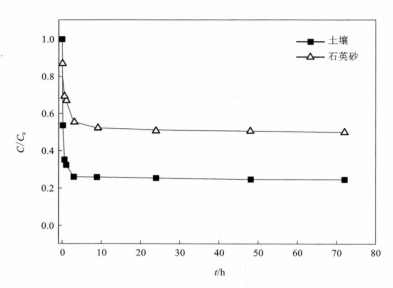

图 3.3　溶液中 BDE47 浓度比随时间的变化曲线

　　图 3.4 表示 BDE47 在土壤和石英砂上吸附量随时间的变化曲线。从图中可以发现，BDE47 在土壤上的吸附量显著高于石英砂，这主要是因为土壤中有机质含量高于石英砂，而有机质含量通常被作为影响吸附剂吸附容量的最重要参数[132]。

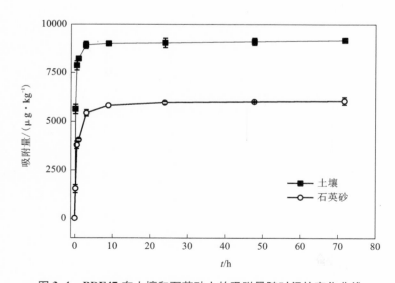

图 3.4　BDE47 在土壤和石英砂上的吸附量随时间的变化曲线

（3）BDE28 和 BDE47 的吸附动力学模型

分别用吸附动力学一级模型、二级模型、颗粒内扩散模型和 Elovich 动力学方程对 BDE28 和 BDE47 在土壤和石英砂上的吸附过程进行曲线拟合，关系曲线如图 3.5 所示，结果如表 3.1 所示。从表中可以发现，吸附动力学二级模型对数据的拟合最佳，$R^2 > 0.999$，表明 BDE28 和 BDE47 在土壤和石英砂上的吸附主要是受化学作用所控制。其他模型拟合曲线的 $R^2 < 0.9$。图 3.5 显示，在极快吸附和快吸附阶段，一级模型和 Elovich 动力学方程拟合较好，这是因为该阶段吸附剂的表面覆盖率较小，吸附主要受到表面扩散控制[137]。

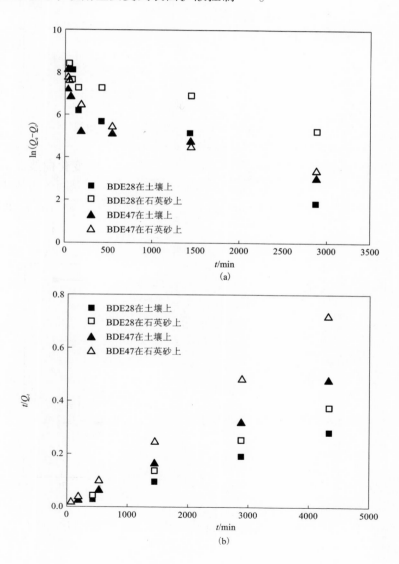

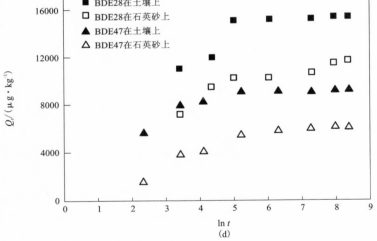

图 3.5　BDE28 和 BDE47 在土壤和石英砂上吸附的模拟曲线

表 3.1　BDE28 和 BDE47 在土壤和石英砂上的吸附模拟拟合结果

BDE28	Model	特征参数		R^2	BDE47	Model	特征参数		R^2
Soil	a	k_1	2.2×10^{-3}	0.8197	Soil	a	k_1	1.6×10^{-3}	0.6678
	b	k_2	4.6×10^{-6}	0.9999		b	k_2	1.1×10^{-5}	0.9999
	c	k_p	53.4	0.4939		c	k_p	32.1	0.4017
	d	α β	8.3×10^7 1.2×10^{-3}	0.7249		d	α β	2.0×10^8 2.2×10^{-3}	0.6928
Sand	a	k_1	0.9×10^{-3}	0.7449	Sand	a	k_1	1.7×10^{-3}	0.8057
	b	k_2	2.6×10^{-6}	0.9993		b	k_2	9.5×10^{-6}	0.9999
	c	k_p	51.6	0.6667		c	k_p	49.8	0.5406
	d	α β	2.4×10^6 1.4×10^{-3}	0.8274		d	α β	3.6×10^3 1.5×10^{-3}	0.8342

注：a. 吸附动力学一级模型；b. 吸附动力学二级模型；c. 颗粒内扩散模型；d. 叶洛维奇(Elovich)动力学方程。

3.3.2　等温吸附特征

（1）BDE28 的等温吸附特征

BDE28 具有强疏水性，因此在环境中的行为主要受到吸附和解吸作用的影响。BDE28 的线性等温吸附曲线如图 3.6 所示。根据曲线获得在 4～30 μg/L 平衡浓度时，BDE28 在土壤和石英砂上的 K_d 值分别为 773～1456 L/kg 和 456～1103 L/kg。因为有机质(organic matter, OC)通常是土壤或沉积物上疏水性有机物的主要吸附剂[128]，对等温吸附曲线进行有机质均一化，获得土壤和石英砂上的有机碳吸附 lg K_{oc} 为 4.59～5.87。Liu 等研究了 BDE28 在不同性质的土壤上的吸附过程，获得 4～20 μg/L 浓度 BDE28 的 lg K_{oc} 为 4.5～5.5[132]；Wang 等对添加 BDE28(0.5～2 μg/g)的四种沉积物进行解吸实验获得 lg K_{oc} 值为 4.95～6.1。本研究获得的结果均与之一致。此外，Olshansky 等研究了 BDE15 在不同土壤上的吸附解吸特征，测得的 lg K_{oc} 为 4.53～4.61[138]。可见，相较于 BDE15，BDE28 的有机碳吸附系数略高。

（2）BDE47 的等温吸附特征

BDE47 的线性等温吸附曲线如图 3.7 所示。根据曲线获得在 1～15 μg/L 平衡浓度时，BDE47 在土壤和石英砂上的 K_d 值分别为 901～1547 L/kg 和 482～850 L/kg。对等温吸附曲线进行有机质均一化，获得土壤和石英砂上的有机碳吸附系数 lg K_{oc} 分别为 4.5～5.3 和 4.8～5.4，二者相差不大。与 BDE15 相比，

BDE47 的 lg K_{oc} 较高，但与 BDE28 的 lg K_{oc} 差异不大。

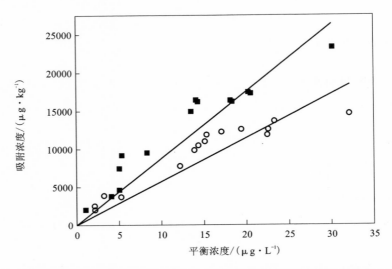

图 3.6　BDE28 在土壤(■)和石英砂(○)上的等温吸附特征和线性拟合曲线

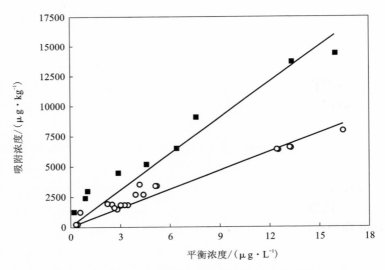

图 3.7　BDE47 在土壤(■)和石英砂(○)的等温吸附特征和线性拟合曲线

（3）BDE28 和 BDE47 的等温吸附模型

　　分别利用 Freundlich 吸附等温式和 Langmuir 吸附等温式对等温吸附数据进行拟合，拟合结果如图 3.8 和表 3.2 所示。从中可以发现，两个模型对 BDE28 和

BDE47 在土壤和石英砂上的吸附过程拟合度相差不大，拟合度都较高（ > 0.9）。通过相关系数比较（表 3.2），可以发现 BDE28 在土壤和石英砂上的吸附过程对 Langmuir 模型的拟合度更高，而 BDE47 在土壤和石英砂上的吸附过程对 Freundlich 模型的拟合度更高。

表 3.2　BDE28 和 BDE47 在土壤和石英砂上吸附的 Freundlich 和 Langmuir 模拟参数

Freundlich 模型	C_e 范围	K_f	标准偏差	n	标准偏差	R^2
BDE28 在土壤上	4.02 ~ 30.12	2396.9	441.3	1.4916	0.0634	0.9273
BDE28 在石英砂上	2.10 ~ 32.12	1853.2	337.7	1.6028	0.0614	0.9376
BDE47 在土壤上	4.02 ~ 15.96	2032.3	324.4	1.3986	0.0710	0.9162
BDE47 在石英砂上	0.32 ~ 16.45	866.4	70.2	1.2691	0.0336	0.9794
Langmuir 模型	C_e 范围	Q_m	标准偏差	K_a	标准偏差	R^2
BDE28 在土壤上	4.02 ~ 30.12	41752.4	7171.9	0.0381	0.0109	0.9379
BDE28 在石英砂上	2.10 ~ 30.12	25048.3	3244.7	0.0475	0.0116	0.9606
BDE47 在土壤上	4.02 ~ 15.96	34940.2	10670.7	0.0449	0.0193	0.9059
BDE47 在石英砂上	0.32 ~ 16.45	20615.3	3253.1	0.0361	0.0079	0.9785

　　Freundlich 拟合结果显示，BDE28 和 BDE47 在土壤和石英砂的吸附值 n 在 1.2691 至 1.6028 范围内。Liu 等对 5 种不同性质的土壤进行 BDE28 和 BDE47 吸附过程的 Freundlich 拟合计算结果显示，二者的 n 值分别在 0.94 至 1.14 和 0.74 至 1.03 范围之内[139]。而本研究中模拟所得 n 值均大于 1，显示为 L - 型等温吸附。L - 型吸附等温线通常在如下条件下产生：①有机物与吸附剂之间有多种相互作用；②有机物分子之间具有较强的分子间引力，导致有机物分子间相互结成团状结构；③有机物吸附质和溶剂之间不存在或存在很小的竞争吸附作用[92]。研究显示，L - 型吸附等温线常见于疏水性溶剂在疏水性表面的吸附过程中[92]。
　　Langmuir 模型在使用时有两个假定：①各分子的吸附能相同且与其在吸附质表面覆盖程度无关；②有机物的吸附仅发生在吸附剂的固定位置并且吸附质之间没有相互作用[92]。Langmuir 拟合结果显示，BDE28 和 BDE47 在土壤和石英砂上吸附过程的相关系数在 0.9059 至 0.9785 范围之内，拟合度较高。模拟结果显示，BDE28 在土壤和石英砂上单层吸附下的吸附容量分别为 41752.4 μg/kg 和 25048.3 μg/kg，而 BDE47 在土壤和石英砂上单层吸附下的吸附容量分别为 34940.2 μg/kg 和 20615.3 μg/kg。

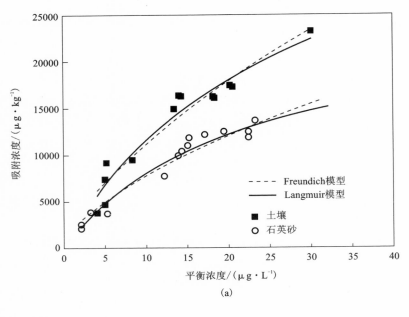

(a)

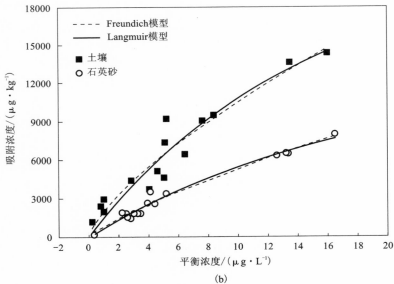

(b)

图 3.8　BDE28 和 BDE47 在土壤和石英砂上吸附的 Freundlich 和 Langmuir 模型

3.4　小结

　　BDE28 和 BDE47 是水体中被检出的主要 PBDEs 污染物,研究其在土壤沉积物以及砂质的吸附特征对于 PBDEs 的污染治理具有重要意义,有利于进一步深入调查 PBDEs 在土壤 – 地下水系统中的迁移行为特征。本章研究了水溶相 BDE28 和 BDE47 在小店灌区未经污水灌溉的土壤和实验室处理过的石英砂上的吸附动力学和热力学特征。结果表明:

　　(1)土壤和石英砂对 BDE28 和 BDE47 的吸附可分为三个阶段:极快吸附,快吸附和慢吸附。受到有机质含量的影响,BDE28 和 BDE47 在土壤上的吸附量均高于在石英砂上的吸附量。

　　(2)吸附动力学模型拟合结果显示,BDE28 和 BDE47 在土壤和石英砂上的吸附主要是受化学作用控制。其中,极快吸附和快吸附阶段,一级模型和 Elovich 动力学方程拟合较好,吸附主要受到表面扩散控制。

　　(3)BDE28(4 ~ 30 μg/L)在土壤和石英砂上的 K_d 值分别在 773 L/kg 至 1456 L/kg 和 456 L/kg 至 1103 L/kg 范围内,有机质均一化后获得土壤和石英砂上的有机碳吸附 lg K_{oc} 在 4.59 至 5.87 之间。BDE47(1 ~ 15 μg/L)在土壤和石英砂上的 K_d 值分别在 901 L/kg 至 1547 L/kg 和 482 L/kg 至 850 L/kg 范围内,有机质均一化后获得土壤和石英砂上的有机碳吸附系数 lg K_{oc} 分别在 4.5 至 5.3 和 4.8 至 5.4 范围内,二者相差不大。

第 4 章　胶体对沉积物－水系统中 PBDEs 迁移行为的影响

4.1　引言

全球大气、土壤、沉积物、污水以及垃圾浸出液等中均已检测出较高含量的 PBDEs[12]。这些环境介质中的 PBDEs 可能通过大气降雨的淋滤、入渗等途径进入地下水。2009 年，Levison 首次在加拿大一个农灌区的地下水中检出了 PBDEs，最高含量为 94 ng/L[10,101]。我国河套平原黄河灌区浅层地下水也检测到 PBDEs，含量为 53.0 ng/L[39]。这些发现表明：PBDEs 通过某些"特殊"途径"穿过"包气带进入地下水，并且在灌溉区的浅层地下水中广泛存在，而地下水中的 PBDEs 极有可能通过农作物或饮用水进入人体，对人类健康和地下水环境存在潜在的污染风险。

研究显示可溶性有机质(dissolved organic matter, DOM)能够改变疏水性有机污染物在土壤/沉积物－水环境中的分配，增加有机污染物在环境中的迁移性。Delgado－Moreno 等[140]发现水－沉积物体系中添加了堆肥中的可溶性有机质后，沉积物对疏水性拟除虫菊酯类农药的吸附系数 K_d 显著下降 1/(1.7~38.9)，解吸能力增强了 1.2~41.4 倍。如果先在农药溶液中添加可溶性有机质，再与沉积物发生吸附反应，则沉积物的 K_d 降至更小。对于 PBDEs 的野外调查结果显示，在有机质存在的条件下，PBDEs 在土壤中有显著的垂向迁移能力[75]。地表水体中70%~80% 的 PBDEs 是以有机质胶体微粒的形式存在。这些暗示着有机质胶体可能充当了土壤和地下水中 PBDEs 的主要吸附剂和迁移载体，而土壤－地下水系统中广泛存在的胶体微粒可能是 PBDEs"穿透"包气带进入地下水的关键。

DOM 对有机污染物在沉积物中的吸附/解吸作用除了与有机物自身的疏水性有关外，还与 DOM 的浓度、极性和分子大小密切相关。研究发现不同 DOM 对疏水性化合物的亲和能力表现为：胡敏酸 > 富里酸[141]。因此，本书以水体中主要

PBDEs 污染物 BDE47 为研究对象，开展胡敏酸（Humic acid，HA）胶体对饱和砂柱中 PBDEs 的吸附和迁移行为影响的实验研究，在此基础上，构建 HA 影响下 PBDEs 在饱和多孔介质中迁移的数值模型，进一步揭示 PBDEs 污染地下水的关键途径，为地下水环境中的 PBDEs 污染防治提供基础。

4.2　实验及方法

4.2.1　材料与试剂

2，2′，4，4′ – 四溴联苯醚（BDE47）（50 μg/mL 溶于异辛烷）均购自 AccuStandard 公司（New Haven，CT，USA），样品纯度分别为 99.3% 和 100%。正己烷（HPLC 级，98.5% min by GC）购自美国 Fisher Scientific 公司。PCB209（99%，1 mL 100 μg/mL 溶于正己烷）购自 AccuStandard 公司，用作进样内标。BDE47 标准混入乙腈（≥99.8%，Fisher Scientific，USA），再溶于背景溶液分别获得 10 μg/L BDE47 的工作溶液。背景溶液为 0.01 mol/L $CaCl_2$ 和 200 mg/L 的 NaN_3，目的是控制离子强度并抑制可能发生的微生物降解行为[132]。

石英砂（Accusand 40/60）首先用 0.25 mol/L NaOH 和 0.25 mol/L HCl 溶液浸泡去除杂质，然后用去离子水冲洗至 pH 稳定[58]，自然风干后再置于 2 mol/L HCl 溶液中于 90℃ 条件下反应 24 h，进一步去除可能存在的铁氧化物、有机质和碳酸盐[133]。

HA 粉末（10 g，Pract，MP Biomedicals）购自美国 Fisher 公司。将其溶于去离子水获得悬浮液进行粒度分析（图 4.1），结果显示该胶体的粒径为 516.9 ~ 558.8 nm。

4.2.2　批实验

配制不同浓度的 HA 溶液 0.01 mg/L，0.1 mg/L，0.2 mg/L，0.5 mg/L，1 mg/L，2 mg/L 和 5 mg/L，分别添加到盛有 50 mg 石英砂的离心管中，在旋转仪上以 8 r/min 的速度混匀反应 24 h 后，测试含量变化，以确定 HA 胶体在石英砂的吸附过程，HA 的含量采用紫外分光光度仪在 254 nm 波长下测试[142]。

向 40 mL 具塞玻璃瓶中加入不同质量的 10 ~ 500 mg 石英砂，分别加入添有 HA 胶体的 10 μg/L BDE47 反应溶液，其中 HA 浓度分别为 0.1 mg/L 和 1 mg/L，不留顶空，避免挥发对实验结果产生的干扰。盖塞后用石蜡封口膜密封，在黑暗环境中固定在旋转仪上以 8 r/min 的速度混匀反应 24 h 后，采集样品进行预处理和测试分析。

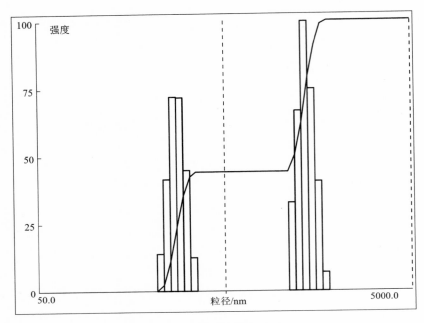

图 4.1　胡敏酸胶体粒度分析

4.2.3　柱实验

在获得单独的 HA 胶体吸附过程以及 HA 胶体对 PBDEs 吸附的影响的基础上，进行动态柱实验，以进一步确定 HA 胶体对 PBDEs 迁移的载体效应。实验装置如图 4.2 所示。其中，A、B 分别为添加了不同浓度的 HA 胶体的 BDE47 反应溶液，浓度分别为 0.1 mg/L 和 1 mg/L。利用高效离子泵将反应溶液从柱底端泵入石英砂柱，出水溶液利用自动采样器收集。

同样分析单独的 HA 胶体溶液(0.1 mg/L 和 1 mg/L)以及 NO_3^- 示踪剂在砂柱中的迁移过程。NO_3^- 的含量采用紫外分光光度仪在 220 nm 波长下测定。

砂柱体积为 58.90 cm³(长度 12 cm，内径 2.5 cm)，石英砂密度约为 2.65 g/cm³，平均孔隙度为 34.42%，平均流量速度为 2.25 mL/min。

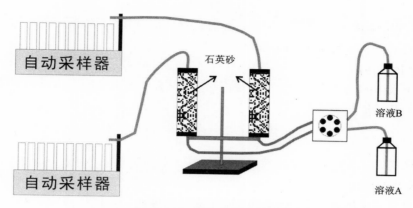

图 4.2　PBDEs 在石英砂柱中迁移实验装置图

4.2.4　PBDEs 含量的荧光法测试分析

批实验和柱实验获得大量的待测样品，如果单纯地采用 GCMS 分析，预处理过程繁琐且测试时间较长，并面临着样品损失的问题。因此，本节研发了荧光光谱法对待测液中 PBDEs 的含量进行测试分析，具体的测试条件和过程参考附录 I。为了检验荧光法测试结果的准确性，对采集的部分待测液同时利用 GCMS 和荧光法进行测试分析和结果对比。对于批实验中的溶液：采集 35 mL 上层清液，加入 3 mL 正己烷进行液液萃取，收集萃取液用氮气吹脱浓缩至 1 mL，装入 2 mL 棕色气相进样瓶中，加入 PCB209 内标后进行 GC – MS 测试分析。测试结果显示 GCMS 与荧光法所测含量一致，但是荧光法不需要对待测液进行萃取，仅需 4 mL 样品，且测试时间缩短为 1 min，检测限同 GCMS(低至 ng∕L)。因此，本节中对批实验和柱实验中 PBDEs 的含量分析均采用荧光法。

另外，柱实验中为避免 PBDEs 可能挥发的问题，对自动采样器收集的溶液立刻进行荧光测试。

4.2.5　有机污染物迁移规律和模型理论

通常情况下，进入地下水环境中的有机污染物，在含水层介质中受到对流、弥散、吸附解吸、固相介质吸附产生的迁移滞迟、化学反应转化成其他物质或生物降解等作用的影响。本研究将考虑以下作用：

（1）对流作用

对流主要是溶解在水中的污染物随水流一起运移，地下水环境中某点的污染物在流向 x 的对流通量表示为：

$$F_x = v \cdot C$$

式中：F_x 表示污染物在 x 方向的对流通量，mg/（m² · s）；v 表示 x 方向的时均流速，m/s；C 为污染物浓度，mg/m³。

（2）扩散作用

地下水中的污染物因为分子不规则运动，从高浓度向低浓度运动称为分子扩散作用。分子扩散通量为：

$$M_1 = -D_m \frac{\partial C}{\partial x}$$

式中：M_1 表示 x 方向的分子扩散通量，g/（m² · s）；D_m 表示分子扩散系数，m²/s。

（3）弥散作用

多孔介质液体流动中，污染物与地下水之间形成一个过渡带，并且随着时间逐渐扩展的现象被称为弥散现象：

$$M_2 = -D_0 \frac{\partial C}{\partial x}$$

式中：M_2 表示 x 方向的弥散通量，g/（m² · s）；D_0 表示弥散系数，m²/s。

（4）吸附与解吸

吸附与解吸是发生在固液相界面处的一种现象。这里，采用常用的 Henery 吸附等温式：

$$S = K_d \cdot c_e$$

式中：S 表示吸附达到平衡时固体的吸附浓度，μg/g；C_e 表示吸附平衡时，污染物在液相中的浓度；K_d 表示有机质/水分配系数。

（5）吸附滞留

有机污染物在多孔介质中的迁移是由于地下水的运动速度以及污染物与固体介质之间的吸附解吸、离子交换、化学沉淀/溶解和机械过滤等多种物理化学作用，导致其迁移路径与地下水运移路线基本相同，但迁移速度 v' 与地下水运移速度 v 之间有如下关系：

$$v' = v/R_d$$

式中：R_d 表示污染物在地质介质中的阻滞因子，其表达式为：

$$R_d = 1 + \frac{\rho}{\theta} K_d$$

式中：θ 表示含水层孔隙度，ρ 表示含水层介质的容重，g/m³，K_d 表示吸附平衡时固相和液相污染物的分配系数。

4.3 结果与讨论

4.3.1 HA 胶体对 PBDEs 吸附的影响

众多研究显示，腐殖质胶体比土壤具有更高的 K_{oc}[143, 144]。Olshansky 等人针对不同有机质含量的 5 类土壤进行 PBDEs（e. g BDE15）的吸附解吸实验发现虽然土壤的性质不同，但是均一化后所得 K_{oc} 之间的差异很小，然而腐殖质等胶体物质获得的 K_{oc} 却是利用土壤获得的 K_{oc} 的 3 倍之高，说明腐殖酸胶体充当了土壤中的主要吸附剂[145]。

图 4.3 和图 4.4 分别表示未添加和添加不同浓度 HA 胶体的 BDE47 在石英砂上的吸附特征。从图中可以发现：添加了 HA 胶体后，BDE47 在石英砂上达到平衡时的吸附量显著降低，并且随着 HA 胶体浓度的增加而减少。根据线性吸附模型求得未添加 HA 胶体、HA 胶体浓度为 0.1 mg/L 和 1 mg/L 时溶液中的 BDE47 在石英砂中的平均 K_d 值分别为 853.3 L/kg（616.33 ~ 972.63 L/kg）、12.63 L/kg（8.99 ~ 14.76 L/kg）和 2.47 L/kg（2.12 ~ 3.48 L/kg）。这表明溶液中有机质胶体的与固相石英砂存在对 BDE47 的竞争吸附，并且液相中 HA 有机胶体的含量越高，对疏水性有机物 BDE47 在固相上的吸附行为的阻碍越强。

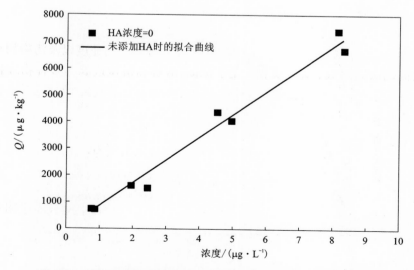

图 4.3 未添加胡敏酸胶体条件下 BDE47 在石英砂上的吸附曲线

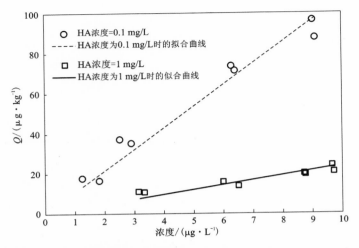

图 4.4   添加不同浓度胡敏酸胶体下 BDE47 在石英砂上吸附曲线

4.3.2   HA 胶体对 PBDEs 的协同迁移作用

不同浓度的 HA 胶体溶液中 BDE47 在石英砂柱中的穿透曲线如图 4.5 所示。从图中可以发现：相对于低浓度(0.1 mg/L)的 HA 溶液，高浓度(1 mg/L)的 HA 溶液中 BDE47 更早地从石英砂柱中流出。表明 HA 胶体的存在促进了 BDE47 在砂柱中的迁移。

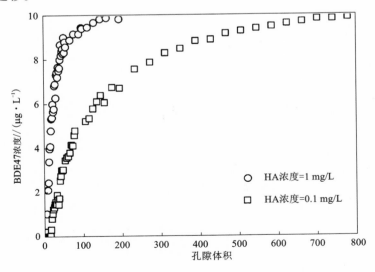

图 4.5   胡敏酸胶体对饱和砂柱中 BDE47 迁移行为的影响曲线

图 4.6 表示示踪剂 NO_3^- 和 HA 胶体在石英砂柱中的穿透曲线。从中可以发现示踪剂 NO_3^- 在石英砂柱中没有吸附，在经过 1 个孔隙体积后全部流出；而 HA 胶体在砂柱中存在微弱的吸附滞留，大约经过 2 个孔隙体积后全部流出。

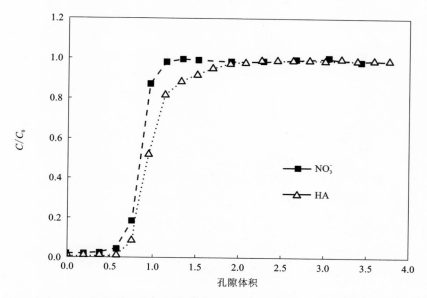

图 4.6　示踪剂 NO_3^- 和胡敏酸胶体 HA 在石英砂柱中的穿透曲线

4.3.3　迁移模型

考虑对流、扩散、弥散和吸附作用下，建立 PBDEs 在石英砂柱中迁移传输的控制方程如下：

$$R_d \frac{\partial C}{\partial t} = D \frac{\partial^2 C}{\partial x^2} - v \frac{\partial C}{\partial x} \tag{4.1}$$

式中：$D = D_m + D_0$

定解条件为：

$$\left. \frac{\partial C}{\partial x} \right|_L = 0$$

$$D \frac{\partial C}{\partial x} - v \cdot C \Big|_{x=0} = \bar{v} \cdot C_0$$

首先，利用该方程对示踪剂 NO_3^- 在柱中的迁移过程进行拟合，拟合结果如图 4.7 所示。从图中可以发现，拟合曲线和实验曲线吻合。在 95% 置信区间内，拟合的弥散系数 D 为 4.316，阻滞因子 R_d 为 1.032。

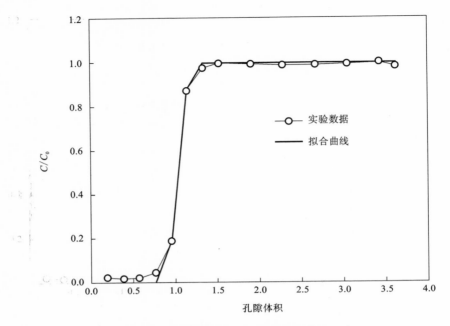

图 4.7 示踪剂 NO₃⁻ 在柱中的迁移曲线拟合

利用该方程对 BDE47 在石英砂柱中的迁移过程数据(图 4.5)进行拟合,拟合曲线如图 4.8 所示。从图中可以发现:拟合结果与实验数据存在较大的差异。实验测得 BDE47 在石英砂柱流出溶液中出现的时间远远早于模拟结果。这可能因为 BDE47 在石英砂柱迁移的过程中,受到动力学因素的影响。

基于上述问题,对控制方程(4.1)进行修正,如下:

$$R_d \frac{\partial C}{\partial t} = D \frac{\partial^2 C}{\partial x^2} - v \frac{\partial C}{\partial x} + I \qquad (4.2)$$

定解条件为:

$$\frac{\partial C}{\partial x}\bigg|_L = 0$$

$$D \frac{\partial C}{\partial x} - v \cdot C \bigg|_{x=0} = \bar{v} \cdot C_0$$

$$R_d = 1 + \frac{f \cdot \rho \cdot K_d}{\theta}$$

$$I = \rho \frac{\partial S}{\partial t} = k[S - K_d(1-f) \cdot C]$$

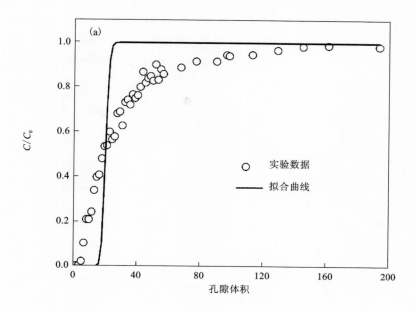

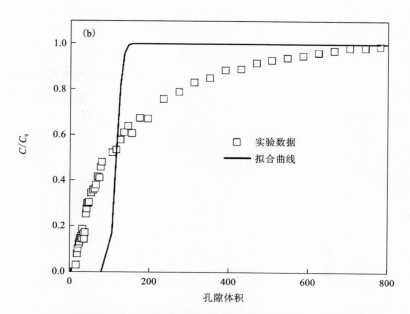

图 4.8　不同浓度胡敏酸胶体影响下 BDE47 的柱迁移曲线模拟

（a）HA 胶体浓度为 1 mg/L；（b）HA 胶体浓度为 0.1 mg/L

　　利用该方程对实验数据进行拟合发现，拟合结果与实验结果基本一致。其中，1 mg/L 胡敏酸胶体影响条件下，BDE47 在石英砂柱中迁移初期（<60 个孔隙体积）和后期（>160 个孔隙体积）拟合最好[图 4.9(a)]；而 0.1 mg/L 胡敏酸胶体影响条件下，BDE47 迁移初期，拟合曲线相对于实验过程有所滞后，在石英砂柱流出约 250 个孔隙体积后拟合最佳[图 4.9(b)]。

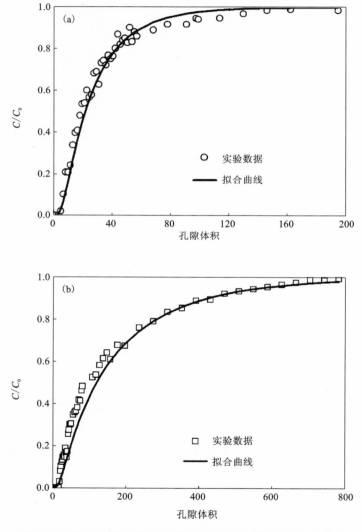

图 4.9　不同浓度胡敏酸胶体影响下 BDE47 的柱迁移曲线模拟

（a）HA 胶体浓度为 1 mg/L；（b）HA 胶体浓度为 0.1 mg/L

由于 PBDEs 具有强疏水性、亲脂性、挥发性以及光降解性，通过实验揭示单纯的水溶态 PBDEs 在石英砂柱中的迁移过程存在很大的困难和不确定性。因此，利用该模型预测未添加 HA 胶体条件下 BDE47 在石英砂柱（K_d 为 853.3 L/kg）中的迁移过程，如图 4.10 所示。预测结果显示，在没有 HA 胶体运载的情况下，BDE47 经过 8×10^4 个孔隙体积穿透砂柱。对比图 4.5 的结果可以发现：随着 HA 胶体含量的增加，BDE47 在饱和石英砂柱中的穿透过程逐渐提前，0.1 mg/L HA 胶体运载情况下，BDE47 穿透砂柱经过 $(7 \sim 8) \times 10^2$ 个孔隙体积，比未添加 HA 胶体的情况下穿透时间提前了 100 倍。在高浓度（1 mg/L）HA 胶体溶液中，BDE47 穿透石英砂柱的时间提前到 120 个孔隙体积。实验和模拟结果进一步说明 HA 胶体对于 BDE47 在饱和石英砂柱的迁移过程中起到了非常重要的促进作用。

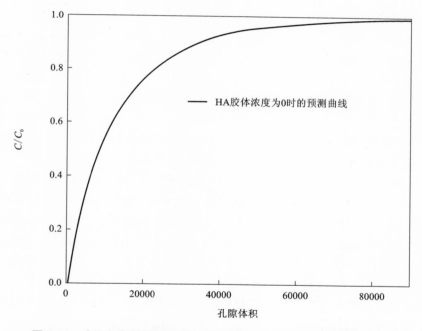

图 4.10　未添加胡敏酸胶体条件下 BDE47 在砂柱中迁移曲线的模拟

4.4　小结

本章以水体中主要 PBDEs 污染物 BDE47 为研究对象，开展 HA 胶体对饱和砂柱中 PBDEs 的吸附和迁移行为的实验研究，一方面，建立了 PBDEs 的荧光光谱分析法(附录 I)，应用于批实验和柱实验中 PBDEs 的在线测试分析，较 GCMS 分析法操作简便，大大缩短了测试时间；另一方面，在实验的基础上，构建胶体协同迁移作用下 BDE47 在饱和石英砂柱中迁移过程的数值模型，对实验数据进行拟合和验证，并预测了未添加 HA 胶体的情况下，BDE47 在砂柱中的迁移特征，发现：

(1)添加 HA 胶体后，BDE47 在石英砂上达到平衡时的吸附量显著降低，并且随着 HA 胶体浓度的增加而减少，暗示着溶液中有机质胶体与固相石英砂存在对 BDE47 的竞争吸附。线性吸附模型求得未添加 HA 胶体、HA 胶体浓度为 0.1 mg/L 和 1 mg/L 时溶液中 BDE47 在石英砂的平均 K_d 值分别为 853.3 L/kg (616.33 ~ 972.63 L/kg)、12.63 L/kg(8.99 ~ 14.76 L/kg)和 2.47 L/kg(2.12 ~ 3.48 L/kg)，表明液相中 HA 胶体的含量越高，固相石英砂对液相中 PBDEs 的吸附越弱。

(2)在柱实验结果的基础上，构建 BDE47 在饱和砂柱中的迁移模型。模拟结果与实验结果基本一致，表明该模型可以很好地模拟实验过程。

(3)预测未添加 HA 情况下 BDE47 在饱和石英砂柱中的迁移过程，发现 BDE47 经过 8×10^4 个孔隙体积才穿透砂柱。随着 HA 胶体含量的增加，BDE47 穿透石英砂柱的时间逐渐提前，0.1 mg/L HA 胶体运载情况下，BDE47 穿透砂柱经过 $(7 \sim 8) \times 10^2$ 个孔隙体积，比未添加 HA 的情况下穿透时间提前了 100 倍。在高浓度(1 mg/L) HA 胶体的溶液中，BDE47 穿透砂柱的时间提前到 120 个孔隙体积。

综上，实验和模拟结果均表明 HA 胶体对于 BDE47 在饱和砂柱中的迁移过程起到了非常重要的促进作用。

第 5 章　胶体与 PBDEs 的分子相互作用

5.1　引言

持久性有机污染物(POPs)的环境性质参数(例如水溶性,蒸汽压,空气、土和水等各介质之间的分配系数,以及介质中的降解速率等)有助于对 POPs 的环境行为及其归趋的预测。然而,由于 PBDEs 具有 209 种同系物,且实验测试成本高,测试难度大,因此,目前只对部分 PBDEs 的过冷液体蒸汽压和辛醇/空气分配系数(K_{OA})等参数进行了实验测定,更多的则是通过建立多种 QSAR/QSPR(定量结构活性/性质相关)模型来预测和解释 PBDEs 的环境分配行为、降解过程以及生物毒性[85, 86, 88, 146]。

最近研究发现尽管 PBDEs 具有疏水性,土壤以及沉积物对其有很强的吸附能力,但在地表水和地下水中均检测到 PBDEs 的存在。对珠江水体的 PBDEs 分布研究显示,更多的 PBDEs 存在于颗粒相中,悬浮颗粒物含量是控制水体中 PBDEs 的主要因素[95]。野外观察显示,有机质存在的条件下,PBDEs 在土壤中有显著的垂向迁移能力[75]。地表水体中 70% ~ 80% 的 PBDEs 是以胶体微粒的形式存在。种种迹象指示了胶体颗粒与 PBDEs 的相互作用促进了 PBDEs 在水体中的赋存和迁移。本研究中,野外调查结果显示,水溶态 PBDEs 趋向于赋存于 <2 μm 的胶体及颗粒物上,室内实验进一步显示,HA 胶体显著加强了 PBDEs 在饱和砂柱中的迁移性。然而,未见相关文献报道 PBDEs 是如何与胶体颗粒作用,以及 PBDEs 与主要胶体的结合原理。

PBDEs 以及 HA 的化学结构是阐明二者相互作用机制的关键。然而,由于 HA 组成复杂且不均一性强,到目前为止,并无确定的分子结构。对 PBDEs 而言,虽然其分子结构相对简单,但其同系物种类繁多,其物理化学性质参数多通过计算机模拟获得，且主要局限于对其性质、生物活性预测以及毒性效应分析等方面，缺乏对其环境行为模拟的应用。本专著针对 1～10 溴联苯醚（BDE2，BDE15，BDE28，BDE47，BDE99，BDE153，BDE183，BDE200，BDE207，BDE209），选取典型的栗钙土 HA 分子结构模型，在 Hyperchem 软件平台上，对 PBDEs 与 HA 分子间的相互作用进行三维结构的模拟，对比作用前后 QSAR 参数的变化，有望从分子尺度上揭示 HA 胶体颗粒促进 PBDEs 环境迁移过程的作用机理。

5.2　实验与方法

5.2.1　Hyperchem 软件介绍与应用

Hyperchem 是一款高质量、灵活易操作的分子模拟软件。利用 3D 对量子化学计算，方便快捷地输入分子结构信息。利用各种分子力学和量子力学方法，可以进行单点、分子动力学计算、几何优化等，预测可见－紫外光谱、蒙特卡罗和进行分子力学计算[147]。

该软件可以进行结构输入和分子操作、化学计算，研究分子特性、同位素的相对稳定性、生成热、活化能、电子亲和力、偶极矩、原子电荷、电离势、电子能级、IR 吸收谱、UV－VIS 吸收谱等，此外，还可以绘制二维和三维势能图，进行蛋白质设计和蛋白质次级结构演示等。

Hyperchem 软件包提供 3 种力场，即 MM＋、AMBER 和 OPLS[148]。其中，MM＋力场是由 Allinger 及其同事研发，主要针对有机分子计算。AMBER 力场（Force field）由加利福尼亚大学的 Peter Kollman 研究组研发，针对蛋白质和核酸的力场。OPLS（optimized potential for liquid simulations）建立在 BillJorfensen 研究组开发的力场基础上，其分子动力学模拟，计算了系统性质随时间演变的情况，利用不同的积分方法，可以求算时空中的原子轨道。

近些年，Hyperchem 软件在分子结构方面的应用研究十分普遍[149]。李萍等利用 Hyperchem 软件模拟了某种合成的分子印迹聚合物，检测了其对模板分子及其对映异构体的选择性结合能力[150]；姚丽晶等利用 Hyperchem 将几种胡敏酸和富里酸二维分子结构转换为三维结构并进行几何优化，计算了能量以及定量构效关系参数，加强了对腐殖质分子的直观认识[151]。Kunicbi 利用该软件对富里酸和胡敏酸与 Al^{3+}、苯、嘧啶的相互作用与电荷影响进行了分析[152]。

5.2.2　模型绘制

姚丽晶[153]对 PBDEs 二维模型进行了绘制，提出可以采用两种方法。第一种是直接在 HyPerchem 软件的工作区域内绘制二维图形，手动绘制 C 基本骨架以及支链的 O 或 Br 元素等，并确定单双键。第二种方法是利用 Hyperchem 软件中自带的 Databases 功能，首先点击 Molecular Structure 绘制 C 基本骨架，利用 Put Hinfile 命令使其进入软件工作区域，对不正确的地方手动进行调整。在绘制得到二维模型的基础上，选用分子力学力场 MM + 方法转化为三维模型，利用软件自带的 Geometry optimization 功能，通过变梯度法和最速下降法可以得到分子能量最低构相，同时结合分子动力学方法，进行模型优化获得三维结构图。

到目前为止，HA 无确定的分子结构，其典型的分子结构主要有 Fuchs（1930，1931）、Flaig（1960）、Felbeck（1965）、Dragunov（1966）和 Svenson（1982），如图 5.1 所示。这些结构均是以芳香族化合物为核心，带有羧基等多种功能团，这些功能团具有较高的化学反应活性，能与各种有机 - 无机物结合，同时结构中存在许多不同的空隙，可容纳吸附有机污染物等[153]。吕贻忠等应用元素分子、红外光谱以及 ^{13}C 核磁共振波谱等仪器分析方法对我国某地区原样栗钙土土壤的 HA 分子结构特征进行了比较分析，在结构实验数据的基础上建立了土壤 HA 分子结构[154]，如图 5.2 所示。

本专著选用图 5.2 所示 HA 分子模型，采用与 PBDEs 相同的方法进行绘制。

5.2.3　能量参数和 QSAR 参数计算与分析

利用单点命令，计算 PBDEs 和 HA 分子在非溶剂化体系、溶剂化体系和热力学体系在优化前后的能量和能量梯度。吕贻忠等利用 Hyperchem 软件分别采用 MM + 、AMBER 和 OPLS 力场对非溶剂化体系下栗钙土的 HA 分子结构进行优化，获得不同的三维构相，其能量数据如表 5.1 所示[154]，从中可以发现，MM + 力场下的总势能最小（ - 1.84 kJ/mol），AMBER 力场优化后的总势能最大（49.18 kJ/mol）。由于 MM + 力场主要针对有机分子计算，因此本专著中选用 MM + 力场分别对非溶剂化的 PBDEs 和 HA 分子进行能量和能量梯度参数的计算。采用分子动力学的方法可以获得更加稳定的分子模型。姚丽晶[153]计算时设置的参数：加热时间为 0.1 ps，运行时间为 0.5 ps，时间步长为 0.001 s，温度步长为 50 K。Hyperchem 可以模拟生物系统的水溶液，即将目标分子加入水分子组成的周期盒中。参考文献[153]，本专著选择 MM + 力场下，模拟 PBDEs 分子在加入 100 个水分子的情况下对其构相和稳定性的影响。

在建立 PBDEs 和 HA 三维分子模型的基础上，构建 PBDEs 与 HA 结合物的模型并进行优化，分别在非溶剂化和溶剂化体系计算能量参数，并自动获取表面积、体积、疏水性、极性等 QSAR 参数。对比分析 PBDEs 与 HA 结合前后参数的变化。

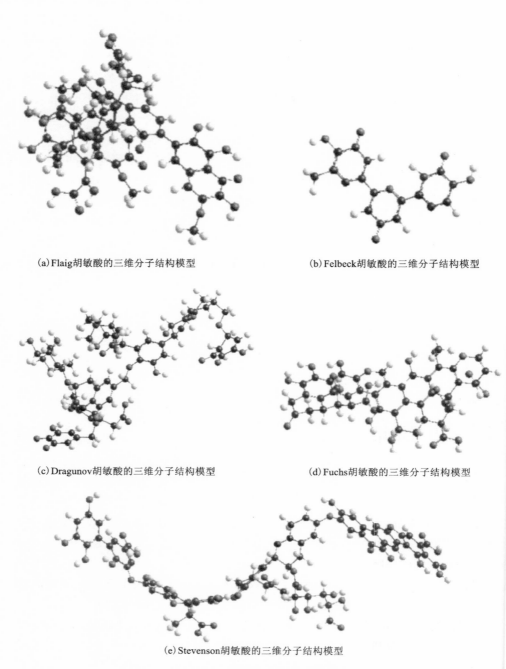

(a)Flaig胡敏酸的三维分子结构模型　　　　　　　　(b)Felbeck胡敏酸的三维分子结构模型

(c)Dragunov胡敏酸的三维分子结构模型　　　　　　(d)Fuchs胡敏酸的三维分子结构模型

(e)Stevenson胡敏酸的三维分子结构模型

图 5.1　几种经典的胡敏酸三维分子结构模型[153]

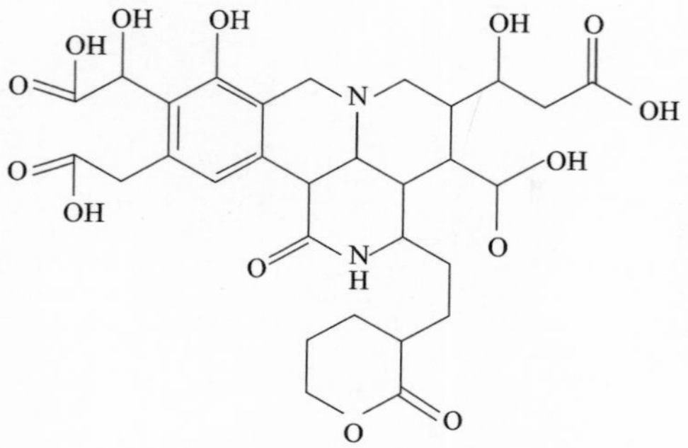

图 5.2　栗钙土胡敏酸结构单元模型

（分子式 $C_{30}H_{36}N_2O_{14}$）

表 5.1　分子力学方法优化后栗钙土胡敏酸结构单元模型中各能量值[154]　　kJ/mol

方法	E_{bond}	E_{angle}	$E_{dihedral}$	E_{vdw}	$E_{eletonic}$	E_{total}
MM +	4.55	16.79	−1.84	31.38	0	51.59
AMBER	3.11	16.50	49.18	9.64	0	78.45
OPLS	1.88	16.15	14.42	2.30	0	34.77

5.3　结果与讨论

5.3.1　PBDEs 三维分子结构模型及特性

对选定的 PBDEs 分子进行三维结构转化，分别在非溶剂化和溶剂化体系中计算能量参数，结果如表 5.2 所示。从表中可以发现，非溶剂化体系经过优化后，能量和能量梯度明显降低，表明三维分子结构在优化后变得稳定可靠。随着溴原子个数的增加，优化后分子模型的能量和能量梯度并没有呈现出增加或者减少的规律，分析认为主要是因为溴原子的取代位置对其结构的稳定性的影响。通过溶剂化，可以模拟 PBDEs 在水溶液中的稳定性。从表 5.2 中可以看出，溶剂化后体系变得不稳定，因为 PBDEs 的能量和能量梯度都升高了。

表 5.2　PBDEs 三维分子结构模型的能量和能量梯度（E：能量；G：能量梯度）

化合物	Br 取代位置	分子动力学				溶剂化	
		优化前		优化后		优化后	
		E	G	E	G	E	G
BDE2	3	4.428	12.904	−5.382	0.00900	10.622	3.650
BDE15	4, 4′	18.582	13.079	−5.384	0.01185	12.327	6.212
BDE28	2, 4, 4′	11.448	14.090	−5.382	0.03181	9.946	3.334
BDE47	2, 2′, 4, 4′	6.860	14.606	−5.384	0.01487	3.095	2.361
BDE99	2, 2′, 4, 4′, 5	11.876	9.596	−5.383	0.00827	16.396	5.852
BDE100	2, 2′, 4, 4′, 6	16.061	16.330	−5.379	0.06532	7.058	0.394
BDE153	2, 2′, 4, 4′, 5, 5′	14.932	15.383	−5.370	0.07246	7.991	5.567
BDE183	2, 2′, 3, 4, 4′, 5′, 6	10.763	11.658	−5.383	0.00947	6.936	0.418
BDE200	2, 2′, 3, 3′, 4, 5, 6, 6′	11.227	22.168	−5.827	0.00971	13.720	2.259
BDE207	2, 2′, 3, 3′, 4, 4′, 5, 6, 6′	5.291	17.081	−5.601	0.00985	8.291	9.012
BDE209	2, 2′, 3, 3′, 4, 4′, 5, 5′, 6, 6′	10.476	20.839	−5.827	0.01667	−0.317	2.339

5.3.2　PBDEs 三维分子结构模型的 QSAR 参数

QSAR 参数用来计算与某一特定化合物化学或生物化学行为相关的结构特征参数，广泛用于环境、农业化学等领域。本专著计算了 PBDEs 的 QSAR 参数，具体见表 5.3。从表中可以看出，随着溴原子个数的增加，PBDEs 的表面积、体积、疏水性和极性增大。此外，对于同一种 PBDEs，QSAR 参数还受到溴取代基位置的影响，例如，对于五溴联苯醚 BDE99 和 BDE100 而言，BDE99 的表面积和体积均高于 BDE100。

表 5.3　PBDEs 三维分子结构模型的 QSAR 特征参数

化合物	溴取代位置	近似表面积 /nm²	栅格表面积 /nm²	体积 /nm³	疏水性 lg P	极性 /nm³
BDE2	3	480.07	382.41	598.68	4.27	23.36
BDE15	4, 4′	613.53	408.96	646.73	5.06	25.98
BDE28	2, 4, 4′	679.91	423.64	674.72	5.85	28.61
BDE47	2, 2′, 4, 4′	738.85	427.47	690.78	6.64	31.24
BDE99	2, 2′, 4, 4′, 5	818.84	438.17	723.01	7.43	33.86

续表 5.3

化合物	溴取代位置	近似表面积 /nm²	栅格表面积 /nm²	体积 /nm³	疏水性 lg P	极性 /nm³
BDE100	2，2′，4，4′，6	804.12	437.16	719.52	7.43	33.86
BDE153	2，2′，4，4′，5，5′	906.76	460.21	763.86	8.16	37.03
BDE183	2，2′，3，4，4′，5′，6	929.95	459.44	774.69	9.02	39.11
BDE200	2，2′，3，3′，4，5，6，6′	940.08	474.70	812.89	9.81	41.74
BDE207	2，2′，3，3′，4，4′，5，6，6′	1014.39	491.21	846.36	10.60	44.37
BDE209	2，2′，3，3′，4，4′，5，5′，6，6′	1058.09	502.90	869.83	11.39	46.99

5.3.3　HA 胶体分子的三维模型及特征

　　构建栗钙土 HA 分子的三维结构模型，优化后如图 5.3 所示。计算优化后的 QSAR 参数，如表 5.4 所列。从表中可以看出，对于不同模型的 HA 分子而言，计算所得的 QSAR 参数有所不同。与经典的 HA 模型相比，其栅格表面积、体积、极性和质量介于 Felbeck 模型和 Fuchs 模型之间。疏水性则介于 Felbeck 模型和 Flaig 模型之间。与疏水性强的 PBDEs 相比（lg P = 4.27 ~ 11.39），HA 显示出较强的亲水性和较低的疏水性（−0.95）。

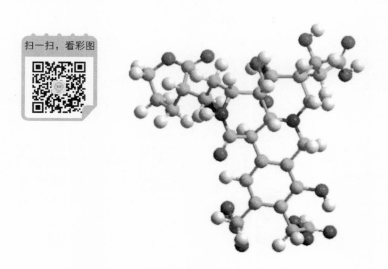

图 5.3　栗钙土胡敏酸分子的三维结构优化模型
（●表示 N；●表示 C；●表示 O；○表示 H）

表5.4 优化的 HA 分子结构模型的定量关系（QSAR 参数）

模型	Flaig[153]	Felbeck[153]	Dragunov[153]	Stevenson[153]	Fuchs[153]	栗钙土 HA
分子式	$C_{72}H_{50}O_{28}N$	$C_{18}H_{14}N_2O_6$	$C_{64}H_{66}O_{26}N_4$	$C_{76}H_{52}O_{37}N_4$	$C_{45}H_{32}O_{20}$	$C_{30}H_{36}O_{14}N_2$
近似表面积	1950.3	862.12	2412.2	3507.9	1161.1	1300.7
栅格表面积	1019.7	492.9	1468	1766.7	928.4	819.1
体积	2184.7	820.8	2965.8	3374	1810.6	1520.2
疏水性	−0.36	−1.5	−5.54	−3.59	−10.93	−0.95
极性	114.6	32.1	125	141.6	81.8	59.69
质量	1266.8	326.3	1279.3	1526.3	892.7	648.62

注：表面积单位为 nm^2，体积和极性单位为 nm^3，质量单位为 g/mol

5.3.4 PBDEs 与 HA 胶体分子相互作用模型及特性

图 5.4 显示了 1–10 溴联苯醚（BDE2、BDE15、BDE28、BDE47、BDE99、BDE153、BDE183、BDE200、BDE207 和 BDE209）与 HA 分子相互作用的结果。从图中可以发现，PBDEs 与 HA 分子相互作用主要通过氢键或羟基发生。受到溴原子个数和位置的影响，PBDEs 与 HA 发生作用的过程中，HA 的分子构型也发生了改变。表 5.5 为 PBDEs 与 HA 相互作用的三维分子结构模型的 QSAR 参数计算结果。从中可以发现，受到 HA 分子空间构型变化的影响，PBDEs 与 HA 相互作用产物的表面积和体积不再随着溴原子数量的增加呈规律的变化。然而，二者相互作用产物的疏水性和极性仍然呈现随溴原子个数的增加而增加的规律，可见，疏水性和极性主要受控于溴原子的个数，而 HA 分子构型的变化对其影响较小。

（a）BDE2 与 HA 分子相互作用三维模型　　（b）BDE15 与 HA 分子相互作用三维模型

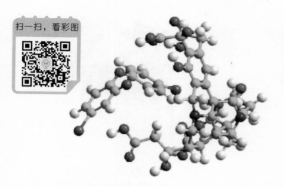

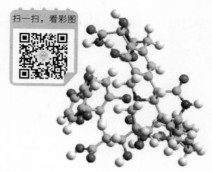

（c）BDE28 与 HA 分子相互作用三维模型　　　　（d）BDE47 与 HA 分子相互作用三维模型

（e）BDE99 与 HA 分子相互作用三维模型　　　　（f）BDE153 与 HA 分子相互作用三维模型

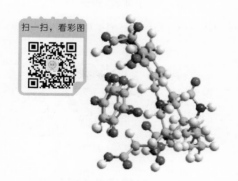

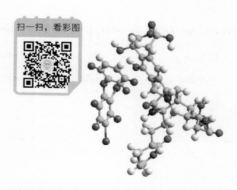

（g）BDE183 与 HA 分子相互作用三维模型　　　　（h）BDE200 与 HA 分子相互作用三维模型

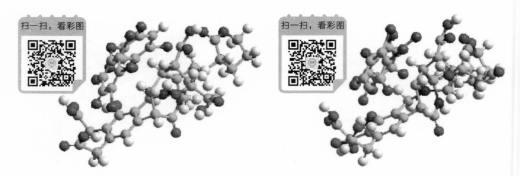

（i）BDE207 与 HA 分子相互作用三维模型　　（j）BDE209 与 HA 分子相互作用三维模型

图 5.4　PBDEs 与 HA 分子作用三维模型

（●表示 Br；●表示 N；●表示 C；●表示 O；○表示 H）

对比表 5.3 的 QSAR 参数，可以发现，相对于与 HA 发生作用前 PBDEs 的 QSAR 参数，HA 作用后 10 种 PBDEs 的栅格表面积、体积和极性均增强，而疏水性显著降低。同时，HA 分子受到 PBDEs 的影响，疏水性增强，即亲水性减弱，进一步表明 HA 改变了 PBDEs 的疏水性从而影响了其在水环境中的迁移。

表 5.5　PBDEs 与 HA 相互作用的三维分子结构模型的 QSAR 参数

化合物	近似表面积 /nm^2	栅格表面积 /nm^2	体积 /nm^3	疏水性 lg$P$	极性 /nm^3
BDE2 – HA	1442.02	1031.54	2013.53	2.63	83.05
BDE15 – HA	1484.43	1033.09	2031.56	3.32	85.68
BDE28 – HA	1314.70	908.60	1941.41	3.11	88.30
BDE47 – HA	1634.44	898.55	1929.06	4.03	90.93
BDE99 – HA	1438.99	901.70	1953.70	4.63	93.55
BDE153 – HA	1389.03	914.23	1985.50	5.45	96.18
BDE183 – HA	1319.94	910.19	1970.33	6.05	98.81
BDE200 – HA	1408.18	1013.35	2109.89	7.79	101.43
BDE207 – HA	931.24	947.46	2035.78	8.39	104.06
BDE209 – HA	863.76	955.89	2068.57	8.99	106.68

§5.4 小结

本专著针对 1 - 10 溴联苯醚（BDE2、BDE15、BDE28、BDE47、BDE99、BDE153、BDE183、BDE200、BDE207、BDE209），以及栗钙土 HA 分子，在 Hyperchem 软件平台上，对 PBDEs 与 HA 分子及其相互作用产物进行三维结构模拟，结果显示：

（1）PBDEs 的非溶剂化体系经过优化后，能量和能量梯度明显降低，表明优化后的三维分子结构更加稳定可靠。随着溴原子个数的增加，优化后分子模型的能量和能量梯度并没有呈现出增加或者减少的规律，这主要是因为溴原子的取代位置对其结构稳定性的影响。此外，优化的 PBDEs 分子经过溶剂化后，能量和能量梯度均提高，表明 PBDEs 在水环境中是不稳定的。

（2）QSAR 分析显示：随着溴原子个数的增加，PBDEs 的表面积、体积、疏水性和极性增大。对于同一种 PBDEs，QSAR 参数受到溴取代基位置的影响，如对五溴联苯醚 BDE99 和 BDE100 而言，BDE99 的表面积和体积均高于 BDE100。

（3）构建栗钙土 HA 分子的三维结构模型并进行结构优化后发现，与疏水性强的 PBDEs 相比（lg P = 4.27 ~ 11.39），HA 显示出较强的亲水性和较低的疏水性（ - 0.95）。

（4）PBDEs 与 HA 相互作用的分子模拟结果显示，PBDEs 与 HA 分子相互作用主要通过氢键或羟基发生。受到溴原子个数和位置的影响，PBDEs 与 HA 发生作用的过程中，HA 的分子构型也发生了改变。HA 结构的变化导致 PBDEs 与 HA 相互作用的产物的表面积和体积不再随着溴原子数量的增加呈现规律性增加或减少。然而，二者相互作用产物的疏水性和极性仍然呈现随溴原子个数的增加而增加的规律，可见，疏水性和极性主要受控于溴原子的个数。

（5）PBDEs 与 HA 发生作用后，分子空间构型发生改变，其栅格表面积、体积和极性均增强，而疏水性显著降低，进一步揭示出 HA 降低了 PBDEs 疏水性，从而促进其在水环境中的迁移。

第 6 章　污灌区土壤－地下水系统中 PBDEs 迁移模型

当前，有关 PBDEs 的研究已经从对环境介质的污染水平研究逐渐向区域生态系统生物富集和各种环境介质中的迁移转化机理研究方向深入。2003 年，杨永亮等报道了我国青岛近岸沉积物中 ∑ PBDEs 的含量[155]。此后，国内学者针对我国 PBDEs 的来源、分布特征、环境行为等开展了卓有成效的研究，如中科院生态环境研究中心的江桂斌团队[42, 156]、中科院广州地球化学研究所的傅家谟和麦碧娴团队[99, 157, 158]、北京大学的卢晓霞[159]、南开大学的祝凌燕[160, 161]、同济大学的孟祥周[162]、大连理工大学的陈景文[163, 164]等。

值得注意的是，目前的研究多局限于生产 PBDEs 及其产品的工业区和垃圾处理区的点源污染，而忽视了 PBDEs 在污灌区的面源污染。特别是在我国居民日趋关注大气质量(PM2.5)、食品安全和地下水污染背景下，PBDEs 这一新兴持久性有机污染物在污灌区土壤－地下水系统中的迁移、转化与富集机理研究亟待加强。

污灌区土壤－地下水系统是一个复杂的水－岩相互作用系统，具体表现为：它是一个松散沉积物固体颗粒、水(重力水、结合水、毛细水)、气体、生物(微生物、农作物根茎)并存，且相互作用的黑暗系统；除了大气降雨的入渗外，周期性的污水灌溉，不仅间歇性地改变着包气带的氧化、还原条件，同时也输入了多种污染物，如有机物、重金属、微生物等。该系统的复杂性决定了 PBDEs 在土壤－地下水系统迁移转化过程的复杂性。

在文献调研和野外调查结果的基础上，构建污灌区土壤－地下水系统中 PBDEs 的迁移过程如图 6.1 所示。

首先，污灌区土壤－地下水系统中 PBDEs 的来源具有多样性，灌溉的污水、入渗的大气降水、地膜和有机溴类杀菌剂、农药(如溴氟菊酯、溴氰菊酯)等均可能是其来源。

(1)本书第 2 章针对小店灌区灌溉污水、土壤、地下水介质中的 PBDEs 分析

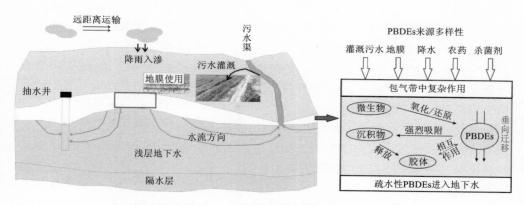

图 6.1　污灌区土壤－地下水系统中 PBDEs 的迁移示意图

结果显示：灌溉污水中检测到 BDE17、BDE28、BDE71、BDE47、BDE66、BDE85 和 BDE99，其中 BDE28，BDE47 和 BDE99 占主导，含量分别为 14.80 ~ 86.52 ng/L、25.53 ~ 63.18 ng/L 和 n.d ~ 93.32 ng/L 范围内。而浅层地下水中检测到 BDE28、BDE71、BDE47、BDE99 和 BDE100，其浓度分别为 13.47 ~ 16.89 ng/L, n.d ~ 11.42 ng/L, 5.58 ~ 15.32 ng/L, n.d ~ 22.08 ng/L 和 11.18 ~ 11.80 ng/L。整体而言，污水中 PBDEs 的含量高于浅层地下水，主要 PBDEs 污染物种类一致，表明污水灌溉是地下水中 PBDEs 的主要来源。

　　（2）污水灌溉和清水（深层地下水）灌溉的表层土壤中均检测到 PBDEs 污染物，土壤中主要 PBDEs 污染物（BDE47、BDE71、BDE85、BDE99、BDE100、BDE154 和 BDE153）不同于灌溉污水中主要 PBDEs 污染物，进一步揭示出土壤中 PBDEs 的污染存在其他来源。调查发现研究区内未见溴系农药以及杀菌剂的使用，降水中未检测到 PBDEs，而普遍发现大量未清除的农用塑料地膜，暗示地膜中释放的 PBDEs 可能是其潜在来源。

　　其次，研究表明，光解和生物降解是 PBDEs 在环境中转化的主要途径，在地表水中以光解为主，而在深层水和沉积物中生物降解占主导[165]，由于 C－Br 键比 C－Cl 键更弱，PBDEs 相对于 PCBs，更容易被微生物降解[166]，甚至是十溴联苯醚（DeBDE）也可被微生物降解成为毒性更大的、迁移能力更强的低溴同系物[167]。显然，污灌区土壤－地下水系统是一个黑暗系统，PBDEs 的微生物降解作用将占主导。

　　微生物对 PBDEs 的降解主要通过氧化、还原脱溴等反应过程实现。已报道的好氧微生物 Sphingomonas 菌株和白腐菌 Trametes versicolor 等对 PBDEs 的降解主要通过 2，3 双加氧酶攻击 2，3 碳键，生成 2，3－二羟基联苯醚，再在邻位或间位裂解开环[168]。尽管降解 PBDEs 的好氧微生物种类较多，却只能降解低溴代同系物。而厌氧微生物，则通过催化还原脱溴，使高溴代同系物得到电子的同时释放出溴离子，转化为低溴代同系物，随后进一步降解，且不同厌氧菌（例如 *Sulfurospirillum multivorans*，*Dehalococcoides*）降解特征有所不同[167]。污灌区土壤－地下水系统中可能同时存在好氧微生物和厌氧微生物[169]，导致该系统中存在微生物对 PBDEs 的复杂作用。

此外，本研究发现土壤中有机质胶体（如胡敏酸）对 PBDEs 穿透包气带进入地下水环境具有重要的载体作用。一方面，污灌区内 PBDEs 的含量和优势同系物种类在包气带中随着土壤深度的增加而变化；另一方面，水体中 PBDEs 的含量随颗粒物粒径的分布特征研究发现，PBDEs 主要赋存于粒径 < 2 μm 的胶体及颗粒物上。由于地下水系统中存在着种类多样的胶体，如 $Fe(OH)_3$ 胶体、$Al(OH)_3$ 胶体、硅胶胶体、AgI、Ag_2S、As_2S_3、有机酸、黏土等，使得胶体态 PBDEs 的迁移规律呈现复杂性。相关研究已经发现，土壤和水体中 PBDEs 的含量与有机质胶体的含量具有较好的相关性[37]。本研究基于山西省太原市小店灌区野外调查结果（第 2 章）、PBDEs 的吸附静态试验（第 4 章）、PBDEs 的动态柱迁移实验（第 5 章）以及分子相互作用模拟结果（第 6 章），重点构建了有机质胶体——HA 胶体作用下污灌区土壤－地下水系统中 PBDEs 的迁移模型如图 6.2 所示。

（1）外源环境中 PBDEs 进入污灌区土壤－地下水系统后，由于 PBDEs 具有强疏水性，短时间内大量的 PBDEs 即被土壤及沉积物吸附；另很少一部分 PBDEs 以水溶态随水流发生微弱的迁移。

（2）降雨或者灌溉条件下，土壤或沉积物释放出亲水性的有机质胶体（如 HA），与水溶态的 PBDEs 相互作用后形成胶体态 PBDEs，同时，被土壤及沉积物吸附的 PBDEs 也会部分转化成胶体态 PBDEs。相对于水溶态 PBDEs，胶体态 PBDEs 的分子空间构型发生变化，导致其疏水性减弱，随水流的迁移性提高。

（3）胶体态 PBDEs 随水流穿透包气带进入地下水，与外源 PBDEs 相比，其优势 PBDEs 的种类基本一致，而含量略有下降，例如小店灌区污水中 BDE47 的含量为 14.80～86.52 ng/L，浅层地下水中检测到 BDE47 的含量为 13.47～16.89 ng/L。

（4）进入地下水中的 PBDEs，最终以胶体态随地下水径流或地下水开采利用参与到全球水循环中。

综上所述，尽管 PBDEs 在污灌区土壤－地下水系统中的生物地球化学过程十分复杂，但可以明确的是：有机质胶体对于疏水性 PBDEs 穿透包气带进入地下水的过程起到重要的促进作用。尽管地下水中检测到的 PBDEs 含量仅在几 ng/L 范围，然而，地下水作为重要的饮用水源，将通过饮用逐渐在生物体内积累，从而对人体产生不可忽略的危害，需要引起重视。

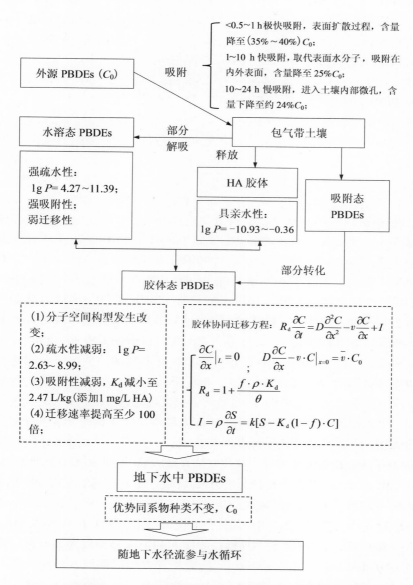

图 6.2　污灌区土壤 – 地下水系统中 HA 胶体作用下 PBDEs 迁移模型

第 7 章　结论与建议

　　本专著针对新兴的全球性持久性有机污染物——PBDEs 在全球循环研究中的空缺领域——地下水，选取太原市典型的污灌区——小店灌区作为研究区，采集污水、土壤、污泥和地下水样品，进行 PBDEs 在土壤－地下水系统中分布特征及行为机理的研究。基于 PBDEs 在土壤和水体中的存在形态及有机污染物归趋问题的认识，重点开展 HA 胶体作用下的优势 PBDEs 的静态批试验和动态柱试验，综合利用气相色谱质谱分析技术、激光诱导荧光光谱技术（LIF, laser induced fluorescence）和 定 量 构 效 关 系 分 析（QSAR, quantitative Structure – Activity Relationship）等技术，旨在在线测试并从分子尺度上揭示污灌区土壤－地下水系统中 PBDEs 的地球化学行为机理，进一步促进疏水性有机污染物的生物地球化学行为的研究，为污灌区 PBDEs 的污染防治提供理论指导。

　　首先，我们分别于 2011 年和 2012 年在太原市小店灌区采集了土壤、污水以及地下水样品，并对水体中的胶体及颗粒物进行了分级。对固体样本采用索氏抽提法萃取，对溶液样本采用液液萃取法，萃取的样品利用多层复合硅胶柱提纯，利用 GC – MS 和 GC – ECD 分析测试 PBDEs 含量。研究区内的土壤和水体中均检测到 PBDEs 污染物，测试结果显示：

　　（1）2011 年研究区内土壤样品中主要 PBDEs 污染物为 BDE47、BDE100、BDE154 和 BDE153，而 2012 年土壤样品中主要 PBDEs 污染物为 BDE71、BDE85、BDE99 和 BDE154，表明土壤中 PBDEs 污染物种类随时间以及环境变化而有所不同。

　　（2）PBDEs 种类以及含量随深度的分布变化呈现不同的变化规律：污水灌溉的钻孔中高含量的 BDE17、BDE66 和 BDE100 出现在表层土壤（0～30 cm 深度），高含量的 BDE28、BDE47 主要分布于 30～60 cm 深度，高含量的 BDE71、BDE85、BDE99 和 BDE154 则出现在 60～90 cm 深度。而清水灌溉的钻孔中高含量的 BDE17、BDE71、BDE153 出现在土壤表层 0～30 cm 深度，高含量的 BDE100 出现在 30～

60 cm 深度，高含量的 BDE47、BDE99 和 BDE153 主要分布于 120 ~ 150 cm 深度。

（3）污水和浅层地下水中的主要 PBDEs 污染物均为 BDE47 和 BDE28，其在污水中的含量高于浅层地下水。

（4）对水样中不同粒径级别的悬浮颗粒物中 PBDEs 的测试分析发现，PBDEs 主要赋存于粒径 < 2 μm 的胶体及颗粒物上。

（5）污水灌溉是灌溉区内 PBDEs 的主要污染源，农用地膜的普遍使用可能是土壤以及地下水中 PBDEs 的另一潜在污染源，因为地膜中含有的 PBDEs 可能在淋滤作用下释放到土壤 – 地下水系统中。

其次，在野外调查结果的基础上，以小店污灌区未被 PBDEs 污染的土壤以及处理过的石英砂作为吸附剂，以研究区内水体中的主要 PBDEs 污染物——BDE28 和 BDE47 作为研究对象，进行 BDE28 和 BDE47 在土壤以及砂质中的吸附动力学和热力学实验，分析对比低溴代联苯醚在多孔介质中的吸附行为特征，为 PBDEs 的环境行为研究提供理论基础。

研究发现：

（1）土壤和石英砂对 BDE28 和 BDE47 的吸附可分为 3 个阶段，即极快吸附、快吸附和慢吸附。受到有机质含量的影响，BDE28 和 BDE47 在土壤上的吸附量均高于在石英砂上的吸附量。

（2）BDE28 和 BDE47 在土壤和石英砂上的吸附主要受化学作用控制。其中，极快吸附和快吸附阶段，一级模型和 Elovich 动力学方程拟合较好，吸附主要受到表面扩散控制。

（3）BDE28（4 ~ 30 μg/L）在土壤和石英砂上的 K_d 值分别为 773 ~ 1456 L/kg 和 456 ~ 1103 L/kg，有机质均一化后获得土壤和石英砂上的有机碳吸附 lg K_{oc} 为 4.59 ~ 5.87。BDE47（1 ~ 15 μg/L）在土壤和石英砂上的 K_d 值分别为 901 ~ 1547 L/kg 和 482 ~ 850 L/kg，有机质均一化后获得土壤和石英砂上的有机碳吸附系数 lg K_{oc} 分别为 4.5 ~ 5.3 和 4.8 ~ 5.4。

再次，基于野外调查结果，提出"有机质胶体可能充当了土壤和地下水中 PBDEs 的主要吸附剂和迁移载体，而土壤 – 地下水系统中广泛存在的胶体微粒可能是 PBDEs 穿透包气带进入地下水的关键"的假设。为验证该假设，以水体中主要 PBDEs 污染物 BDE47 为研究对象，GC – MS 分析和荧光原位测试法为工具，进一步开展 HA 胶体对饱和砂柱中 PBDEs 的吸附和迁移行为影响的实验研究，构建胶体作用下 BDE47 在饱和砂柱中迁移的数值模型。

研究发现：

（1）添加 HA 胶体后，BDE47 在石英砂上的平衡吸附量显著降低，并且随着 HA 胶体浓度的增加而逐渐下降。线性吸附模型求得未添加 HA 胶体、HA 胶体浓度为 0.1 mg/L 和 1 mg/L 时 BDE47 在石英砂的平均 K_d 值分别为 853.3 L/kg、

12.63 L/kg和2.47 L/kg。暗示溶液中有机质胶体的与固相石英砂存在对 BDE47 的竞争吸附，液相中 HA 胶体的含量越高，对疏水性有机物 BDE47 在固相上的吸附行为的阻碍越强。

（2）预测未添加 HA 情况下 BDE47 在饱和砂柱中的迁移过程，发现 BDE47 经过约 8×10^4 个孔隙体积穿透砂柱。随着胡敏酸胶体含量的增加，BDE47 穿透砂柱的时间逐渐提前，0.1 mg/L 胡敏酸胶体运载情况下，BDE47 穿透砂柱经过 $(7 \sim 8) \times 10^2$ 个孔隙体积，比未添加胡敏酸的情况下穿透时间提前 100 倍。在高浓度1 mg/L胡敏酸胶体的溶液中，BDE47 穿透砂柱的时间提前到 120 个孔隙体积。

（3）HA 胶体对于 BDE47 在饱和砂柱中的吸附和迁移过程起到了非常重要的载体作用。

最后，对 1–10 溴联苯醚（BDE2、BDE15、BDE28、BDE47、BDE99、BDE153、BDE183、BDE200、BDE207、BDE209），以及栗钙土 HA 分子，在 Hyperchem 软件平台上，对 PBDEs 与 HA 分子的相互作用进行三维结构模拟，对比 QSAR 参数变化，从分子尺度上揭示 HA 胶体颗粒对 PBDEs 环境迁移行为的影响机理。

研究发现：

（1）PBDEs 的非溶剂化体系经过优化后，能量和能量梯度明显降低，表明优化后的三维分子结构变得稳定可靠。优化后的 PBDEs 分子经过溶剂化后，能量和能量梯度均提高，表明 PBDEs 在水环境中是不稳定的。

（2）构建栗钙土 HA 分子的三维结构模型并进行结构优化后发现，与疏水性强的 PBDEs 相比（lg P =4.27～11.39），HA 显示出较强的亲水性和较低的疏水性（lg P = −0.95）。

（3）PBDEs 与 HA 间的分子相互作用主要通过氢键或羟基发生。受到溴原子个数和位置的影响，PBDEs 与 HA 发生作用的过程中，HA 的分子构型也发生了改变。HA 结构的变化导致 PBDEs 与 HA 相互作用产物的表面积和体积不再随着溴原子数量的增加呈规律的变化。然而，二者相互作用产物的疏水性和极性仍然呈现随溴原子个数的增加而增加的规律。

（4）PBDEs 与 HA 发生作用后，HA 分子疏水性增强，即亲水性减弱，而 PBDEs 栅格表面积、体积和极性均增强，疏水性显著降低。揭示出 HA 分子降低了 PBDEs 的疏水性，从而促进了其在水环境中的迁移行为。

基于野外调查、室内实验和模拟结果，提出污灌区土壤–地下水系统中 PBDEs 的迁移模型，认为：外源 PBDEs 进入包气带的过程中，一方面水溶态 PBDEs 与 HA 胶体作用后转化成胶体态 PBDEs，另一方面水溶态 PBDEs 强烈吸附在土壤及沉积物上形成吸附态 PBDEs，而在降雨及灌溉作用下部分转化成胶体态 PBDEs，最终 PBDEs 以胶体形态随水流进入地下水并进一步参与全球水循环。

此外，为了避免 GC 分析法需要进行繁杂的水样预处理及样品纯化等问题，本研究研发出一种新方法即荧光光谱法来分析水样中 PBDEs，并将其应用于室内 HA 胶体影响下 PBDEs 在饱和多孔介质中的吸附和迁移机理研究。利用紫外诱导荧光测试不同激发波长（302～580 nm）下水溶液中三溴到十溴联苯醚（BDE28、BDE47、BDE99、BDE153、BDE190 和 BDE209）的荧光响应，分析 PBDEs 荧光特征并建立荧光峰强度与 PBDEs 浓度的关系曲线，讨论环境变量对该方法的干扰，在此基础上与传统的 GC 方法（GC - ECD 和 GC - MS）进行优缺点的比较。

研究发现：

（1）三溴到十溴联苯醚（BDE28、BDE47、BDE99、BDE153、BDE190 和 BDE209）具有不同的荧光光谱形状和峰位置，从而可以用来识别物种并测定水溶液中的 PBDEs 浓度。

（2）对于去离子水中 PBDEs 浓度测试获得的检测限依次是：BDE28 为 5.82 ng/L，BDE47 为 2.70 ng/L，BDE99 为 69.95 ng/L，BDE153 为 45.55 ng/L，BDE190 为 1.71 ng/L，BDE209 为 3.81 ng/L。

（3）环境变量 pH 和 HA 对 PBDEs 测试分析的干扰影响研究发现，它们能够影响荧光强度，但是该干扰可通过校正而消除。利用该方法对 4 mL 含有 50 ng/L 的地下水模拟液测试产生的相对误差仅有 3.7%。

（4）与常规的以 GC 为基础的分析方法相比，紫外诱导的荧光法更有效。因为仅需少量的样品（约 4 mL），无需复杂的浓缩和提纯工作，且具有较低的检测限（约几 ng/L）。紫外诱导荧光光谱法实现了在线直接测试几 ng/L 的水溶态 PBDEs，可很好地应用于 PBDEs 的动态柱实验的在线监测分析。

通过本专著的研究，笔者提出以下建议：

（1）研究发现 PBDEs 在土壤 - 地下水系统的迁移过程中，其分布随着土壤深度的变化而变化，除了胶体对其的运载作用外，还可能受到微生物的影响。本研究在静态批实验和动态柱实验中均避开了微生物的影响，所构建的迁移模型也未考虑微生物因素。由于天然的土壤 - 地下水系统是由土壤、水、微生物以及气体等组成的复杂系统，并且已有研究发现微生物对于 PBDEs 的迁移和转化也起到重要的影响，建议在以后的研究中，综合考虑气体、微生物等各要素共同作用下 PBDEs 环境行为机理。

（2）由于 PBDEs 具有强疏水性和挥发性，因此，实验过程中要严格注意 PBDEs 水溶液的密封性和隔绝气体。

（3）尽管 PBDEs 的每一种单体显示出不同的荧光特性，但是环境中 PBDEs 的组成十分复杂，本专著提出的在线测试分析水溶态 PBDEs 的荧光法，利用峰位置的微弱差异很难完全区别出具体的 PBDEs 单体。此外，不确定的环境变量以及可能发出荧光的物质等能够影响 PBDEs 的荧光特征，因此荧光法在天然样本测试与分析的应用还需要进行更为广泛深入的探索。

参考文献

［1］Yogui G T, Sericano J L. Polybrominated diphenyl ether flame retardants in the U. S. marine environment: A review. Environment International［J］. 2009, 35（3）, 655 – 666.

［2］McDonald T A. A perspective on the potential health risks of PBDEs［J］. Chemosphere. 2002, 46（5）, 745 – 55.

［3］Darnerud P O. Toxic effects of brominated flame retardants in man and in wildlife［J］. Environment International. 2003, 29（6）, 841 – 853.

［4］North K D. Tracking polybrominated diphenyl ether releases in a wastewater treatment plant effluent, Palo Alto, California［J］. Environmental Science & Technology. 2004, 38（17）, 4484 – 4488.

［5］Goel A, McConnell L L, Torrents A et al. Spray irrigation of treated municipal wastewater as a potential source of atmospheric PBDEs［J］. Environmental Science & Technology. 2006, 40（7）, 2142 – 2148.

［6］Rayne S, Forest K. Comment on "Comparative Assessment of the Global Fate and Transport Pathways of Long – Chain Perfluorocarboxylic Acids（PFCAs）and Perfluorocarboxylates（PFCs）Emitted from Direct Sources"［J］. Environmental Science & Technology. 2009, 43（18）, 7155 – 7156.

［7］SONG M, CHU S G, Letcher R J et al. Fate, partitioning, and mass loading of polybrominated diphenyl ethers（PBDEs）during the treatment processing of municipal sewage［J］. Environmental Science & Technology. 2006, 40（20）, 6241 – 6246.

［8］Hamilton A J, Stagnitti F, Xiong X et al. Wastewater Irrigation: The State of Play［J］. Vadose Zone J. 2007, 6（4）, 823 – 840.

［9］中国地下水科学战略研究小组, 中国地下水科学的机遇与挑战［M］. 北京: 中国科学出版社, 2009.

［10］Levison J K. Anthropogenic impacts on sensitive fractured bedrock aquifers［D］. Kingston. Ontario: Queen's University, 2009.

［11］Gottschall N, Topp E, Edwards M et al. Polybrominated diphenyl ethers, perfluorinated alkylated substances, and metals in tile drainage and groundwater following applications of municipal biosolids to agricultural fields[J]. Science of the Total Environment. 2010, 408 (4), 873 – 883.

[12]Wit C A. An overview of brominated flame retardants in the environment[J]. Chemosphere. 2002, 46 (5), 583 – 624.

[13]Rahman F, Langford K H, Scrimshaw M D et al. Polybrominated diphenyl ether (PBDE)flame retardants[J]. Science of the Total Environment. 2001, 275 (1 – 3), 1 – 17.

[14]Deboer J, Wester P G, Klammer H J C et al. Do flame retardants threaten ocean life? [J] Nature. 1998, 394 (6688), 28 – 29.

[15]Alaee M, Backus S, Cannon C. Potential interference of PBDEs in the determination of PCBs and other organochlorine contaminants using electron capture detection[J]. Journal of Separation Science. 2001, 24 (6), 465 – 469.

[16]Wit C A, Alaee M, Muir D C G. Levels and trends of brominated flame retardants in the Arctic [J]. Chemosphere. 2006, 64 (2), 209 – 233.

[17]Hamers T, Kamstra J H, Sonneveld E et al. In vitro profiling of the endocrine – disrupting potency of brominated flame retardants[J]. Toxicol Sci. 2006, 92 (1), 157 – 173.

[18]Darnerud P O. Brominated flame retardants as possible endocrine disrupters[J]. Int J Androl. 2008, 31 (2), 152 – 160.

[19]Frederiksen M, Vorkamp K, Thomsen M et al. Human internal and external exposure to PBDEs – A review of levels and sources [J]. International Journal of Hygiene and Environmental Health. 2009, 212 (2), 109 – 134.

[20]Meironyte D, Noren K, Bergman A. Analysis of polybrominated diphenyl ethers in Swedish human milk. A time – related trend study, 1972 – 1997 [J]. Journal of Toxicology and Environmental Health – Part A. 1999, 58 (6), 329 – 341.

[21]DeCarlo V J. Studies on brominated chemicals in the environment[J]. Annals of the New York Academy of Sciences. 1979, 320, 678 – 81.

[22]Krol S, Zabiegala B, Namiesnik J. PBDEs in environmental samples: Sampling and analysis [J]. Talanta. 2012, 93, 1 – 17.

[23]Hites R A. Polybrominated diphenyl ethers in the environment and in people: A meta – analysis of concentrations[J]. Environmental Science & Technology. 2004, 38 (4), 945 – 956.

[24]Jaward F M, Farrar N J, Harner T et al. Passive air sampling of PCBs, PBDEs, and organochlorine pesticides across Europe[J]. Environmental Science & Technology. 2004, 38 (1), 34 – 41.

[25]Jaward F M, Meijer S N, Steinnes E et al. Further studies on the latitudinal and temporal trends of persistent organic pollutants in Norwegian and UK background air[J]. Environmental Science & Technology. 2004, 38 (9), 2523 – 2530.

[26]Jaward T M, ZHANG G, Nam J J et al. Passive air sampling of polychlorinated biphenyls, organochlorine compounds, and polybrominated diphenyl ethers across Asia[J]. Environmental Science & Technology. 2005, 39 (22), 8638 – 8645.

[27] Oros D R, Hoover D, Rodigari F et al. Levels and distribution of polybrominated diphenyl ethers in water, surface sediments, and bivalves from the San Francisco Estuary [J]. Environmental Science & Technology. 2005, 39 (1), 33 – 41.

[28] Wurl O, Lam P K S, Obbard J P. Occurrence and distribution of polybrominated diphenyl ethers (PBDEs)in the dissolved and suspended phases of the sea – surface microlayer and seawater in Hong Kong, China[J]. Chemosphere. 2006, 65 (9), 1660 – 1666.

[29] Luckey F, Fowler B S L. The second International Workshop on Brominated Flame Retardants [C]. Stockholm, Sweden: 2001. 309 – 311.

[30] Hayakawa K, Takatsuki H, Watanabe I et al. Polybrominated diphenyl ethers (PBDEs), polybrominated dibenzo – p – dioxins/dibenzofurans (PBDD/Fs) and monobromo – polychlorinated dibenzo – p – dioxins/dibenzofurans (MoBPXDD/Fs)in the atmosphere and bulk deposition in Kyoto, Japan[J]. Chemosphere. 2004, 57 (5), 343 – 356.

[31] 罗孝俊, 麦碧娴, 陈社军, PBDEs 研究的最新进展[J]. 化学进展. 2009, 21(2/3), 359 – 368.

[32] YANG C, MENG X Z, CHEN L et al. Polybrominated diphenyl ethers in sewage sludge from Shanghai, China: Possible ecological risk applied to agricultural land[J]. Chemosphere. 2011, 85 (3), 418 – 423.

[33] MAI B X, CHEN S J, LUO X J et al. Distribution of polybrominated diphenyl ethers in sediments of the Pearl River Delta and adjacent South China Sea[J]. Environmental Science & Technology. 2005, 39 (10), 3521 – 3527.

[34] Hassanin A, Johnston A E, Thomas G O et al. Time trends of atmospheric PBDEs inferred from archived UK herbage[J]. Environmental Science & Technology. 2005, 39 (8), 2436 – 2441.

[35] ZOU M, RAN Y, GONG J et al. Polybrominated diphenyl ethers in watershed soils of the Pearl River Delta, China: occurrence, inventory, and fate [J]. Environ Sci Technol. 2007, 41, 8262 – 8267.

[36] LIU H, ZHOU Q, WANG Y et al. E – waste recycling induced polybrominated diphenyl ethers, polychlorinated biphenyls, polychlorinated dibenzo – p – dioxins and dibenzo – furans pollution in the ambient environment[J]. Environment International. 2008, 34 (1), 67 – 72.

[37] Nam J J, Gustafsson O, Kurt – Karakus P et al. Relationships between organic matter, black carbon and persistent organic pollutants in European background soils: Implications for sources and environmental fate[J]. Environmental Pollution. 2008, 156 (3), 809 – 817.

[38] Birnbaum L F, Staskal D F. Brominated flame retardants: cause for concern? [J] Environmental Health Perspectives. 2004, 112 (0091 – 6765 (Print)), 9 – 17.

[39] 单慧媚, 马腾, 杜尧 等, 多溴联苯醚在河套农灌区土壤和水体中的分布特征[J]. 环境科学与技术. 2013, 36(06), 37 – 41 + 46.

[40] Fonseca A F, Herpin U, de Paula A M et al. Agricultural use of treated sewage effluents: Agronomic and environmental implications and perspectives for Brazil [J]. Scientia Agricola. 2007, 64 (2), 194 – 209.

［41］Murtaza G, Ghafoor A, Qadir M et al. Disposal and Use of Sewage on Agricultural Lands in Pakistan: A Review［J］. Pedosphere. 2010, 20（1）, 23 – 34.

［42］韩善龙, 王宝盛, 阮挺 等, 不同水源灌溉的农田表层土壤中多氯联苯和多溴联苯醚的浓度分布特征［J］. 环境化学. 2012, 31（7）, 958 – 965.

［43］杜斌, 龚娟, 李佳乐, 太原市污水灌溉对水土环境的有机污染研究［J］. 人民长江. 2010, 41（17）, 58 – 61.

［44］WANG T, WANG Y, FU J et al. Characteristic accumulation and soil penetration of polychlorinated biphenyls and polybrominated diphenyl ethers in wastewater irrigated farmlands ［J］. Chemosphere. 2010, 81（8）, 1045 – 51.

［45］Delacal A, Eljarrat E, Barcelo D. Determination of 39 polybrominated diphenyl ether congeners in sediment samples using fast selective pressurized liquid extraction and purification［J］. Journal of Chromatography A. 2003, 1021（1 – 2）, 165 – 173.

［46］ZHAO X, ZHANG H, NI Y et al. Polybrominated diphenyl ethers in sediments of the Daliao River Estuary, China: Levels, distribution and their influencing factors［J］. Chemosphere. 2011, 82（9）, 1262 – 1267.

［47］ZHAO X, ZHENG B, QIN Y et al. Grain size effect on PBDE and PCB concentrations in sediments from the intertidal zone of Bohai Bay, China［J］. Chemosphere. 2010, 81（8）, 1022 – 1026.

［48］LUO X J, ZHANG X L, CHEN S J et al. Free and bound polybrominated diphenyl ethers and tetrabromobisphenol A in freshwater sediments［J］. Marine Pollution Bulletin. 2010, 60（5）, 718 – 724.

［49］Ohta S, Ishizuka D, Nishimura H et al. Comparison of polybrominated diphenyl ethers in fish, vegetables, and meats and levels in human milk of nursing women in Japan［J］. Chemosphere. 2002, 46（5）, 689 – 696.

［50］EPA. Method 1614 Brominated Diphenyl Ethers in Water, Soil, Sediment and Tissue by HRGC/HRMS［S］. August 2007.

［51］Shin M, Svoboda M L, Falletta P. Microwave – assisted extraction（MAE）for the determination of polybrominated diphenylethers（PBDEs）in sewage sludge［J］. Analytical and Bioanalytical Chemistry. 2007, 387（8）, 2923 – 2929.

［52］NI H G, CAO S P, CHANG W J et al. Incidence of polybrominated diphenyl ethers in central air conditioner filter dust from a new office building［J］. Environmental Pollution. 2011, 159（7）, 1957 – 1962.

［53］Stapleton H M. Instrumental methods and challenges in quantifying polybrominated diphenyl ethers in environmental extracts: a review［J］. Analytical and Bioanalytical Chemistry. 2006, 386（4）, 807 – 817.

［54］Calvosa F C, Lagalante A F. Supercritical fluid extraction of polybrominated diphenyl ethers （PBDEs）from house dust with supercritical 1, 1, 1, 2 – tetrafluoroethane（R134a）［J］. Talanta. 2010, 80（3）, 1116 – 1120.

[55] Weiss S. Fluorescence spectroscopy of single biomolecules[J]. Science. 1999, 283 (5408), 1676 - 1683.

[56] XU C, Zipfel W, Shear J B et al., Multiphoton fluorescence excitation: New spectral windows for biological nonlinear microscopy[J]. Proc. Natl. Acad. Sci. U. S. A. 1996, 93 (20), 10763 - 10768.

[57] Dutta A K, Kamada K, Ohta K. Spectroscopic studies of nile red in organic solvents and polymers[J]. Journal of Photochemistry and Photobiology A: Chemistry. 1996, 93 (1), 57 - 64.

[58] SHANG J Y, LIU C X, WANG Z M et al. In - Situ Measurements of Engineered Nanoporous Particle Transport in Saturated Porous Media[J]. Environmental Science & Technology. 2010, 44 (21), 8190 - 8195.

[59] Rudnick S M, CHEN R F. Laser - induced fluorescence of pyrene and other polycyclic aromatic hydrocarbons (PAH) in seawater[J]. Talanta. 1998, 47 (4), 907 - 919.

[60] 杨仁杰, 尚丽平, 鲍振博 等, 激光诱导荧光快速直接检测土壤中多环芳烃污染物的可行性研究[J]. 光谱学与光谱分析. 2011, 31 (8), 2148 - 2150.

[61] 冯巍巍, 王锐, 孙培艳 等, 几种典型石油类污染物紫外激光诱导荧光光谱特性研究[J]. 光谱学与光谱分析. 2011, 31(05), 1168 - 1170.

[62] Hawthorne S B, St Germain R W, Azzolina N A. Laser - induced Fluorescence Coupled with Solid - Phase Microextraction for In Situ Determination of PAHs in Sediment Pore Water[J]. Environmental Science & Technology. 2008, 42 (21), 8021 - 8026.

[63] Baumann T, Haaszio S, Niessner R. Applications of a laser - induced fluorescence spectroscopy sensor in aquatic systems[J]. Water Research. 2000, 34 (4), 1318 - 1326.

[64] Lemke M, Fernandez - Trujillo R, Lohmannsroben H G. In - situ LIF analysis of biological and petroleum - based hydraulic oils on soil[J]. Sensors. 2005, 5 (1 - 2), 61 - 69.

[65] Kotzick R, Niessner R. Application of time - resolved, laser - induced and fiber - optically guided fluorescence for monitoring of a PAH - contaminated remediation site[J]. Fresenius Journal of Analytical Chemistry. 1996, 354 (1), 72 - 76.

[66] WANG D, CAI Z, JIN G B et al. Gas chromatography/ion trap mass spectrometry applied for the determination of polybrominated diphenyl ethers in soil[J]. Rapid Communications in Mass Spectrometry. 2005, 19 (2), 83 - 89.

[67] NI H G, CAO S P, CHANG W J et al. Incidence of polybrominated diphenyl ethers in central air conditioner filter dust from a new office building[J]. Environmental Pollution. 2011, 159 (7), 1957 - 1962.

[68] WANG P, ZHANG Q, WANG Y et al. Evaluation of Soxhlet extraction, accelerated solvent extraction and microwave - assisted extraction for the determination of polychlorinated biphenyls and polybrominated diphenyl ethers in soil and fish samples[J]. Analytica Chimica Acta. 2010, 663 (1), 43 - 48.

[69] Eljarrat E, Delacal A, Larrazabal, D et al. Occurrence of polybrominated diphenylethers,

polychlorinated dibenzo – p – dioxins, dibenzofurans and biphenyls in coastal sediments from Spain[J]. Environmental Pollution. 2005, 136 (3), 493 – 501.

[70] Samara F, Tsai C W, Aga D S. Determination of potential sources of PCBs and PBDEs in sediments of the Niagara River[J]. Environmental Pollution. 2006, 139 (3), 489 – 497.

[71] Shanmuganathan D, Megharaj M, CHEN Z et al. Polybrominated diphenyl ethers (PBDEs) in marine foodstuffs in Australia: Residue levels and contamination status of PBDEs[J]. Marine Pollution Bulletin. 2011, 63 (5 – 12), 154 – 159.

[72] Sanchez – Brunete C, Miguel E, Tadeo J L. Determination of polybrominated diphenyl ethers in soil by ultrasonic assisted extraction and gas chromatography mass spectrometry[J]. Talanta. 2006, 70 (5), 1051 – 1056.

[73] Ramos J J, Gomara B, Fernandez M A et al. A simple and fast method for the simultaneous determination of polychlorinated biphenyls and polybrominated diphenyl ethers in small volumes of human serum[J]. Journal of Chromatography A. 2007, 1152 (1 – 2), 124 – 129.

[74] Quiroz R, Arellano L, Grimalt J O et al. Analysis of polybrominated diphenyl ethers in atmospheric deposition and snow samples by solid – phase disk extraction[J]. Journal of Chromatography A. 2008, 1192 (1), 147 – 151.

[75] Leung A O W, Luksemburg W J, Wong A S et al. Spatial Distribution of Polybrominated Diphenyl Ethers and Polychlorinated Dibenzo – p – dioxins and Dibenzofurans in Soil and Combusted Residue at Guiyu, an Electronic Waste Recycling Site in Southeast China[J]. Environmental Science & Technology. 2007, 41 (8), 2730 – 2737.

[76] Mccarthy J F, Zachara J M. Subsurface transport of contaminants[J]. Environmental Science & Technology. 1989, 23 (5), 496 – 502.

[77] 李竺, 多环芳烃在黄浦江水体的分布特征及吸附机理研究 [D]. 上海: 同济大学, 2007.

[78] 张亚娟, 水体中六六六的分配规律及胶体对其吸附作用研究 [D]. 西安: 长安大学, 2010.

[79] Ryan J N, Elimelech M. Colloid mobilization and transport in groundwater[J]. Colloids and Surfaces A: Physicochemical and Engineering Aspects. 1996, 107 (0), 1 – 56.

[80] 王连生, 有机物定量结构—活性相关[M]. 北京: 中国环境科学出版社, 1993.

[81] Carlsen E, Giwercman A, Keiding N et al. Evidence for decreasing quality of semen during past 50 years[J]. BMJ (Clinical research ed.). 1992, 305 (6854), 609 – 13.

[82] XUE C X, ZHANG R S, LIU H X et al. QSAR models for the prediction of binding affinities to human serum albumin using the heuristic method and a support vector machine[J]. Journal of chemical information and computer sciences. 2004, 44 (5), 1693 – 700.

[83] 王斌, 余刚, 黄俊 等, QSAR/QSPR 在 POPs 归趋与风险评价中的应用[J]. 化学进展. 2007, (10), 1612 – 1619.

[84] WANG Y W, LIU H X, ZHAO C Y et al. Quantitative structure – activity relationship models for prediction of the toxicity of polybrominated diphenyl ether congeners[J]. Environmental Science & Technology. 2005, 39 (13), 4961 – 4966.

[85]杨旭曙，王晓栋，张一鸣 等，应用分子全息 QSAR 预测多溴二苯醚（PBDEs）的毒性［J］. 中国科学：化学. 2010, 40(01), 86－94.

[86]易忠胜，李连臣，叶廷文 等，羟基多溴二苯醚生物活性的 QSAR 研究［J］. 桂林理工大学学报. 2011, 31(03), 430－438.

[87]Harju M, Hamers T, Kamstra J H et al. Quantitative structure－activity relationship modeling on in vitro endocrine effects and metabolic stability involving 26 selected brominated flame retardants［J］. Environmental Toxicology and Chemistry. 2007, 26 (4), 816－826.

[88]Mansouri K, Consonni V, Durjava M K et al. Assessing bioaccumulation of polybrominated diphenyl ethers for aquatic species by QSAR modeling［J］. Chemosphere. 2012, 89 (4), 433－444.

[89]刘芃岩，高丽，赵雅娴 等，分散液相微萃取气相色谱/气相色谱质谱法测定白洋淀水中多溴联苯醚［J］. 分析化学. 2010, 38(04), 498－502.

[90]钱宝，刘凌，肖潇，土壤有机质测定方法对比分析［J］. 河海大学学报（自然科学版）. 2011, 39(01), 34－38.

[91]Cornelissen G, Gustafsson O, Bucheli T D et al. Extensive sorption of organic compounds to black carbon, coal, and kerogen in sediments and soils: Mechanisms and consequences for distribution, bioaccumulation, and biodegradation［J］. Environmental Science & Technology. 2005, 39 (18), 6881－6895.

[92]王连生，有机污染化学［M］. 北京：高等教育出版社, 2004.

[93]ZOU M Y, RAN Y, GONG J et al. Polybrominated diphenyl ethers in watershed soils of the Pearl River Delta, China: Occurrence, inventory, and fate［J］. Environmental Science & Technology. 2007, 41 (24), 8262－8267.

[94]CHEN C E, ZHAO H, CHEN J et al. Polybrominated diphenyl ethers in soils of the modern Yellow River Delta, China: Occurrence, distribution and inventory［J］. Chemosphere. 2012, 88 (7), 791－797.

[95]罗孝俊，余梅，麦碧娴 等，多溴联苯醚（PBDEs）在珠江口水体中的分布与分配［J］. 科学通报. 2008, 53(02), 141－146.

[96]MA J, QIU X H, ZHANG J L et al. State of polybrominated diphenyl ethers in China: An overview［J］. Chemosphere. 2012, 88 (7), 769－778.

[97]Sjodin A, Patterson D G, Bergman A. A review on human exposure to brominated flame retardants－particularly polybrominated diphenyl ethers［J］. Environment International. 2003, 29 (6), 829－839.

[98]Domingo J L. Polybrominated diphenyl ethers in food and human dietary exposure: A review of the recent scientific literature［J］. Food and Chemical Toxicology. 2012, 50 (2), 238－249.

[99]CHEN M, YU M, LUO X et al. The factors controlling the partitioning of polybrominated diphenyl ethers and polychlorinated biphenyls in the water－column of the Pearl River Estuary in South China［J］. Marine Pollution Bulletin. 2011, 62 (1), 29－35.

[100]Hale R C, Alaee M, Manchester－Neesvig J B et al. Polybrominated diphenyl ether flame

retardants in the North American environment[J]. Environment International. 2003, 29 (6), 771 – 779.

[101] Levison J, Novakowski K, Reiner E J et al. Potential of groundwater contamination by polybrominated diphenyl ethers (PBDEs) in a sensitive bedrock aquifer (Canada) [J]. Hydrogeology Journal. 2012, 20 (2), 401 – 412.

[102] WANG J X, JIANG D Q, GU Z Y et al. Multiwalled carbon nanotubes coated fibers for solid – phase microextraction of polybrominated diphenyl ethers in water and milk samples before gas chromatography with electron – capture detection[J]. Journal of Chromatography A. 2006, 1137 (1), 8 – 14.

[103] Polo M, Gomez – Noya G, Quintana J B et al. Development of a solid – phase microextraction gas chromatography/tandem mass spectrometry method for polybrominated diphenyl ethers and polybrominated biphenyls in water samples [J]. Analytical Chemistry. 2004, 76 (4), 1054 – 1062.

[104] Alaee M, Sergeant D B, Ikonomou M G et al. A gas chromatography/high – resolution mass spectrometry (GC/HRMS) method for determination of polybrominated diphenyl ethers in fish [J]. Chemosphere. 2001, 44 (6), 1489 – 1495.

[105] Ikonomou M G, Fernandez M P, HE T et al. Gas chromatography – high – resolution mass spectrometry based method for the simultaneous determination of nine organotin compounds in water, sediment and tissue[J]. Journal of Chromatography A. 2002, 975 (2), 319 – 333.

[106] Amador – Hernandez J, Fernandez – Romero J M, Castro M D L. Flow injection screening and semiquantitative determination of polycyclic aromatic hydrocarbons in water by laser induced spectrofluorimetry – chemometrics[J]. Analytica Chimica Acta. 2001, 448 (1 – 2), 61 – 69.

[107] KUO D T F, Adams R G, Rudnick S M et al. Investigating desorption of native pyrene from sediment on minute – to month – timescales by time – gated fluorescence Spectroscopy[J]. Environmental Science & Technology. 2007, 41 (22), 7752 – 7758.

[108] Soderstrom G, Sellstrom U, Dewit C A. et al. Photolytic debromination of decabromodiphenyl ether (BDE 209)[J]. Environmental Science & Technology. 2004, 38 (1), 127 – 132.

[109] Moon H B, Choi M, YU J et al. Contamination and potential sources of polybrominated diphenyl ethers (PBDEs) in water and sediment from the artificial Lake Shihwa, Korea[J]. Chemosphere. 2012, 88 (7), 837 – 843.

[110] LIU C, Zachara J M, Qafoku N P et al. Scale – dependent desorption of uranium from contaminated subsurface sediments[J]. Water Resources Research. 2008, 44 (8).

[111] QIU S, WEI J, PAN F et al. Vibrational, NMR spectrum and orbital analysis of 3, 3′, 5, 5′ – tetrabromobisphenol A: A combined experimental and computational study[J]. Spectrochimica Acta Part A: Molecular and Biomolecular Spectroscopy. 2013, 105 (0), 38 – 44.

[112] Pullin M J, Cabaniss S E. Rank analysis of the pH – dependent synchronous fluorescence – spectra of six standard humic substances[J]. Environmental Science & Technology. 1995, 29 (6), 1460 – 1467.

[113]Matthews B J H, Jones A C, Theodorou N K et al. Excitation – emission – matrix fluorescence spectroscopy applied to humic acid bands in coral reefs[J]. Marine Chemistry. 1996, 55 (3 – 4), 317 – 332.

[114]Mobed J J, Hemmingsen S L, Autry J L et al. Fluorescence characterization of IHSS humic substances: Total luminescence spectra with absorbance correction[J]. Environmental Science & Technology. 1996, 30 (10), 3061 – 3065.

[115]Laane R. Influence of pH on the fluorescence of dissolved organic – matter[J]. Marine Chemistry. 1982, 11 (4), 395 – 401.

[116]Ghosh K, Schnitzer M. Fluorescence excitation – spectra of humic substances[J]. Canadian Journal of Soil Science. 1980, 60 (2), 373 – 379.

[117]Wright J R, Schnitzer M. Metallo – Organic Interactions Associated with Podzolization1[J]. Soil Sci. Soc. Am. J. 1963, 27 (2), 171 – 176.

[118]Gauthier T D, Shane E C, Guerin W F et al. Fluorescence quenching method for determining equilibrium – constants for polycyclic aromatic – hydrocarbons binding to dissolved dissolved humic materials[J]. Environmental Science & Technology. 1986, 20 (11), 1162 – 1166.

[119]Kumke M U, Lohmannsroben H G, Roch T. Fluorescence quenching of polycyclic aromatic – compounds by humic – acid[J]. Analyst. 1994, 119 (5), 997 – 1001.

[120]Sierra M M D, Donard O F X, Lamotte M et al. Fluorescence spectroscopy of coastal and marine waters[J]. Marine Chemistry. 1994, 47 (2), 127 – 144.

[121]Llorca – Porcel J, Martinez – Sanchez G, Alvarez B et al. Analysis of nine polybrominated diphenyl ethers in water samples by means of stir bar sorptive extraction – thermal desorption – gas chromatography – mass spectrometry[J]. Analytica Chimica Acta. 2006, 569 (1 – 2), 113 – 118.

[122]Fontana A R, Silva M F, Martinez L D et al. Determination of polybrominated diphenyl ethers in water and soil samples by cloud point extraction – ultrasound – assisted back – extraction – gas chromatography – mass spectrometry[J]. Journal of Chromatography A. 2009, 1216 (20), 4339 – 4346.

[123]LIU X, LI J, ZHA Z et al. Solid – phase extraction combined with dispersive liquid – liquid microextraction for the determination for polybrominated diphenyl ethers in different environmental matrices[J]. Journal of Chromatography A. 2009, 1216 (12), 2220 – 2226.

[124]Fulara I, Czaplicka M. Methods for determination of polybrominated diphenyl ethers in environmental samples – review [J]. Journal of Separation Science. 2012, 35 (16), 2075 – 2087.

[125]Talsness C E. Overview of toxicological aspects of polybrominated diphenyl ethers: A flame – retardant additive in several consumer products[J]. Environmental Research. 2008, 108 (2), 158 – 167.

[126]Keum Y S, LI Q X. Reductive debromination of polybrominated diphenyl ethers by zerovalent iron[J]. Environmental Science & Technology. 2005, 39 (7), 2280 – 2286.

［127］Schenker U, Soltermann F, Scheringer M et al. Modeling the Environmental Fate of Polybrominated Diphenyl Ethers (PBDEs): The Importance of Photolysis for the Formation of Lighter PBDEs[J]. Environmental Science & Technology. 2008, 42 (24), 9244 – 9249.

［128］Chefetz B, XING B. Relative Role of Aliphatic and Aromatic Moieties as Sorption Domains for Organic Compounds: A Review[J]. Environmental Science & Technology. 2009, 43 (6), 1680 – 1688.

［129］Wania F, Dugani C B. Assessing the long – range transport potential of polybrominated diphenyl ethers: A comparison of four multimedia models[J]. Environmental Toxicology and Chemistry. 2003, 22 (6), 1252 – 1261.

［130］Vonderheide A P, Mueller K E, Meija J et al. Polybrominated diphenyl ethers: Causes for concern and knowledge gaps regarding environmental distribution, fate and toxicity[J]. Science of the Total Environment. 2008, 400 (1 – 3), 425 – 436.

［131］Ji K, Choi K, Giesy J P et al. Genotoxicity of Several Polybrominated Diphenyl Ethers (PBDEs) and Hydroxylated PBDEs, and Their Mechanisms of Toxicity[J]. Environmental Science & Technology. 2011, 45 (11), 5003 – 5008.

［132］LIU W X, LI W B, HU J et al. Sorption kinetic characteristics of polybrominated diphenyl ethers on natural soils[J]. Environmental Pollution. 2010, 158 (9), 2815 – 2820.

［133］Sharma P, Flury M, Mattson E D. Studying colloid transport in porous media using a geocentrifuge[J]. Water Resources Research. 2008, 44 (7).

［134］Aksu Z. Biosorption of reactive dyes by dried activated sludge: equilibrium and kinetic modelling[J]. Biochemical Engineering Journal. 2001, 7 (1), 79 – 84.

［135］Ho Y S, McKay G. Pseudo – second order model for sorption processes [J]. Process Biochemistry. 1999, 34 (5), 451 – 465.

［136］Weber W J, Morris J C. Proceeding of International Conference on Water Pollution Symposium [M]. Oxford: Pergamon Press, 1962. 231.

［137］周尊隆, 卢媛, 孙红文. 菲在不同性质黑炭上的吸附动力学和等温线研究[J]. 农业环境科学学报. 2010, 29(03), 476 – 480.

［138］Wang W, Delgado – Moreno L, YE Q F et al. Improved Measurements of Partition Coefficients for Polybrominated Diphenyl Ethers[J]. Environmental Science & Technology. 2011, 45 (4), 1521 – 1527.

［139］LIU W X, CHENG F F, LI W B et al. Desorption behaviors of BDE – 28 and BDE – 47 from natural soils with different organic carbon contents[J]. Environmental Pollution. 2012, 163, 235 – 242.

［140］Delgado – Moreno L, WU L, GAN J. Effect of Dissolved Organic Carbon on Sorption of Pyrethroids to Sediments [J]. Environmental Science & Technology. 2010, 44 (22), 8473 – 8478.

［141］Chiou C T, Malcolm R L, Brinton T I et al. Water solubility enhancement of some organic pollutants and pesticides by dissolved humic and fulvic – acids[J]. Environmental Science &

Technology. 1986, 20 (5), 502 – 508.

[142] Jerez J, Flury M. Humic acid –, ferrihydrite –, and aluminosilicate – coated sands for column transport experiments[J]. Colloids and Surfaces a – Physicochemical and Engineering Aspects. 2006, 273 (1 – 3), 90 – 96.

[143] KANG S H, XING B S. Phenanthrene sorption to sequentially extracted soil humic acids and humins[J]. Environmental Science & Technology. 2005, 39 (1), 134 – 140.

[144] Salloum M J, Dudas M J, McGill W B. Variation of 1 – naphthol sorption with organic matter fractionation: the role of physical conformation[J]. Organic Geochemistry. 2001, 32 (5), 709 – 719.

[145] Olshansky Y, Polubesova T, Vetter W et al. Sorption – desorption behavior of polybrominated diphenyl ethers in soils[J]. Environmental Pollution. 2011, 159 (10), 2375 – 2379.

[146] XU H Y, ZOU H W, YU Q S et al. QSPR/QSAR models for prediction of the physicochemical properties and biological activity of polybrominated diphenyl ethers[J]. Chemosphere. 2007, 66 (10), 1998 – 2010.

[147] User's manual of HyperChem Release 7[M]. Hypercube Inc, 2002.

[148] Foresman J B, Frisch E. Exploring Chemistry with Electronic Structure Methods[M]. USA: Gaussian Inc., 1996.

[149] 赵亮, 高金森, 徐春明, 分子计算理论方法及在化工计算中的应用[J]. 计算机与应用化学. 2004, 21 (05), 764 – 772.

[150] 李萍, 戎非, 朱馨乐 等, 右旋邻氯扁桃酸分子印迹聚合物的制备及结合特性研究[J]. 高分子学报. 2003 (05), 724 – 727.

[151] 姚丽晶, 张晋京, 窦森, 几种胡敏酸和富里酸分子结构模型的三维可视化与特性研究[J]. 土壤通报. 2008, 39 (01), 57 – 61.

[152] Kubicki J D, Trout C C. Molecular modeling of Fulvic and Humic Acids: Charging Effects and Interactions with Al³⁺, Benzene, and Pyridine, in Geochemical and Hydrological Reactivity of Heavy Metals in Soils. Boca Raton[M], FL: Lewis Publishers, 2003. 113 – 143.

[153] 姚丽晶. 几种胡敏酸和富里酸分子结构模型的三维可视化与特性研究 [D]. 吉林农业大学, 2007.

[154] 吕贻忠, 郑殿恬, 赵楠, 栗钙土胡敏酸分子三维结构模型构建及其优化[J]. 化学研究与应用. 2012, 24 (06), 848 – 853.

[155] 杨永亮, 潘静, 李悦 等, 青岛近岸沉积物中持久性有机污染物多氯萘和多溴联苯醚[J]. 科学通报. 2003, 48 (21), 2244 – 2251.

[156] 刘汉霞, 张庆华, 江桂斌 等, 多溴联苯醚及其环境问题[J]. 化学进展. 2005, 17 (03), 554 – 562.

[157] 陈社军, 麦碧娴, 曾永平 等, 珠江三角洲及南海北部海域表层沉积物中多溴联苯醚的分布特征[J]. 环境科学学报. 2005, 25 (09), 1265 – 1271.

[158] 陆敏, 韩姝媛, 余应新 等, 蔬菜中多溴联苯醚的定量测定及其对人体的生物有效性[J]. 分析测试学报. 2009, 28 (01), 1 – 6.

[159]卢晓霞，陈超琪，张姝 等，厌氧条件下 2，2′，4，4′–四溴联苯醚的微生物降解[J]．环境科学．2012，33（03），1000–1007.

[160]汤保华，祝凌燕，周启星，五溴联苯醚（Penta–BDE）与重金属对水生无脊椎动物大型蚤 Daphnia magna 存活及其繁殖的联合毒性影响[J]．中山大学学报(自然科学版)．2010，49（06），93–99.

[161]汤保华，祝凌燕，周启星，多溴二苯醚（PBDEs）对环境的污染及其生态化学行为[J]．生态学杂志．2008，27（01），96–104.

[162]孟祥周，杨超，潘兆宇 等，污水及污泥中多溴联苯醚的研究进展[J]．环境科学与技术．2011，34（02），102–106.

[163]谢晴，王莹，边海涛 等，溶剂对十溴联苯醚（BDE–209）分子构型及光解的影响[C]，全国环境化学大会会议，辽宁大连，2009.

[164]薛伟锋，陈景文，新兴环境污染物甲氧基多溴代联苯醚的光化学行为研究[C]，中国化学会学术年会．福建厦门，2010.

[165]张娴，高亚杰，颜昌宙，多溴联苯醚在环境中迁移转化的研究进展[J]．生态环境学报．2009，18(02)，761–770.

[166]ZHU W，LIU L，ZOU P et al. Effect of decabromodiphenyl ether（BDE 209）on soil microbial activity and bacterial community composition[J]．World J Microbiol Biotechnol. 2010，26（10），1891–1899.

[167]HE J，Robrock K R，Alvarez–Cohen L. Microbial reductive debromination of polybrominated diphenyl ethers（PBDEs）[J]．Environ Sci Technol. 2006，40（14），4429–34.

[168]Pfeifer F，Truper H G，Klein J et al. Degradation of diphenylether by Pseudomonas cepacia Et4：enzymatic release of phenol from 2，3–dihydroxydiphenylether[J]．Archives of microbiology. 1993，159（4），323–9.

[169]Vander Zaan B，Hannes F，Hoekstra N et al. Correlation of Dehalococcoides 16S rRNA and Chloroethene–Reductive Dehalogenase Genes with Geochemical Conditions in Chloroethene–Contaminated Groundwater[J]．Applied and environmental microbiology. 2010，76（3），843–850.

附录 I
PBDEs 分析新技术——荧光光谱法

多溴联苯醚(PBDEs)作为新兴的地表水和地下水污染物已经受到了越来越多的公众和监管审查的关注以及学者们的研究兴趣[1]。PBDEs 是一类广泛使用的溴系阻燃剂(BFRs),通常被添加到各种各样的工业产品包括建筑材料、电子产品、塑料、泡沫等中。然而,这一类阻燃剂可以从工业产品释放到环境中从而造成环境污染[1]。目前,各种各样的环境介质,包括土壤、沉积物、水、空气、动物以及人体中均检测到了 PBDEs 污染物[12, 23, 96-98]。越来越多的迹象表明,PBDEs 是一种内分泌干扰物,对肝脏、甲状腺和神经发育具有毒害作用[3, 17, 18]。PBDEs 具有亲脂性和疏水性,强烈吸附于固体材料。尽管如此,仍然在地表水[99, 100]和地下水[101]中普遍检测到了 PBDEs 污染。

水溶态 PBDEs 的含量测试通常利用 GC – ECD[102],或者 GC – MS[69, 103],包括高分辨率(HRMS)[104, 105]和低分辨率(LRMS)[97]的装置。尽管这些技术灵敏度高并具有低检测限,但是需要进行繁杂的水样预处理以及样品纯化。并且对于高溴代联苯醚,例如 BDE209 的气相色谱测试而言,往往面临其降解为低溴代联苯醚而发生样品损失的风险。

本研究报道一种新方法来分析水样中的 PBDEs,从而避免 GC 分析法的缺陷。该方法基于室温条件下 PBDEs 的荧光特性。尽管荧光法已经广泛用于分析水样[59, 62, 63, 106]和沉积物[64, 107]中的疏水性有机物,以及多孔介质中的工程纳米多孔硅酸盐颗粒(ENSPs)[58],但是并未见到任何关于其用于 PBDEs 分析的研究报道。本附录的目的是:①分析环境中常见的 6 种主要 PBDEs 同分异构体的荧光特征;②证实紫外诱导荧光光谱法用于测试水溶态 PBDEs 含量的有效性;③与传统的 GC 方法(GC – ECD 和 GC – MS)进行比较。

S1 实验及方法

S1.1 材料与试剂

6 种 PBDEs 单体包括 2，4，4′ - 三溴联苯醚（BDE28），2，2′，4，4′ - 四溴联苯醚（BDE47），2，2′，4，4′，5 - 五溴联苯醚（BDE99），2，2′，4，4′5，5′ - 六溴联苯醚（BDE153），2，3，3′，4，4′，5，6 - 七溴联苯醚（BDE 190）和十溴联苯醚（BDE 209）（50 μg/mL 溶于异辛烷）均购自 AccuStandard 公司（New Haven，CT，USA）。这些标准溶剂首先混入乙醇（≥99.5%，Fisher Scientific，USA）中获得 1 μg/mL 的标准母液，然后用去离子水分别稀释获得 1000 ng/L（三～六溴联苯醚）和 100 ng/L（七溴和十溴联苯醚）的水溶液。利用连续稀释法分别配制得到 200 ng/L、40 ng/L、8 ng/L、1.6 ng/L、0.32 ng/L、0.064 ng/L 的三～六溴联苯醚的标准溶液，以及 50 ng/L、25 ng/L、5 ng/L、1 ng/L、0.2 ng/L、0.04 ng/L 的七溴和十溴联苯醚的标准溶液。

S1.2 荧光测试分析

水溶态 PBDEs 的荧光光谱利用常规的荧光仪（Fluorolog Ⅲ，Horiba Jobin Yvon Inc.，Edison，NJ）（配备 350 W 的氙灯和 3 mL 石英比色皿）来检测。激发波长 λ_{exc} 为 240～360 nm，发射波长 λ_{em} 为 350～580 nm。观察 6 种 PBDEs 的荧光光谱并分析它们的特征峰，建立荧光强度或者特征峰面积与水溶态 PBDEs 浓度之间的线性关系并确定荧光法的检测限。

S1.3 环境变量对荧光测试的影响

利用 BDE47 标准的水溶液分析 pH 和胡敏酸（HA）对荧光测试方法的影响。以 BDE47 作为标准物主要是因为它是水体中的主要 PBDEs，浓度范围从几 pg/L 到几 ng/L[12, 99, 100, 108, 109]。向 50 ng/L 的 BDE47 水溶液标准中连续分别加入 20 μL、40 μL、60 μL、80 μL、100 μL 和 200 μL 的 1 mol/L 盐酸和 1 mol/L 氢氧化钠溶液，测试荧光光谱和强度，分析 pH 变化对荧光测试法的影响。0.2000 g HA（≥90%，MP Biomedicals，美国）加入 1 L 去离子水中配制得到 200 mg/L 的溶液，逐渐添加到 BDE47 的标准溶液中测试荧光光谱以分析 HA 对荧光测试的影响，每次加入的量为 10 μL 的整数倍。

S1.4 背景溶剂对荧光测试的影响

按照文献［110］中的方法配制地下水（synthetic groundwater, SGW）的模拟液（pH 为 8.1，离子强度为 6.3 mmol/L）。以地下水模拟液代替去离子水配制 BDE47 标准溶液，测试荧光光谱及强度并分析该方法用于分析地下水中 PBDEs 含量的可靠性。1 μg/mL BDE47 标准溶液溶于 SGW 模拟液获得一系列浓度范围的 BDE47 水溶液（64 pg/L ~ 200 ng/L），加入磁力搅拌子在黑暗环境中搅拌 10 h 使其混合均匀，建立荧光强度和地下水模拟液中 BDE47 浓度之间的关系方程。

S2 结果与讨论

S2.1 PBDEs 的荧光特征

荧光光谱包括发射光谱和激发光谱。发射光谱（emission spectrum）反映一个物质的发光能力，它表征物质在哪些频率具有较强的发光特性，横坐标是连续的发光波长，纵坐标是发光强度。激发光谱（excitation spectrum）则反映一个物质受到激发以后的发光情况，它表征什么波段的激发光对发光最有效，横坐标是发光光源的连续波长，纵坐标是发光强度。图 S1.1(a) 表示 λ_{em} = 440 nm 条件下的激发光谱，图 S1.1(b) 表示 λ_{exc} = 302 nm 条件下的发射光谱。从图中可以发现，2,4,4′－三溴联苯醚（BDE28）和 2,2′,4,4′－四溴联苯醚（BDE47），2,2′,4,4′,5－五溴联苯醚（BDE99）和 2,2′,4,4′,5,5′－六溴联苯醚（BDE153），2,3,3′,4,4′,5,6－七溴联苯醚（BDE 190）和十溴联苯醚（BDE 209）的激发光谱的形状和峰位置相似，暗示了苯环上 2′,5′ 和 6′ 的溴取代基位置［图 S1.1(c)］对 PBDEs 的激发光谱特征影响有限。然而，低溴代联苯醚（三 ~ 六溴联苯醚）的激发光谱有两个峰，而七溴联苯醚（BDE190）和十溴联苯醚（BDE209）仅有一个激发光谱［图 S1.1(a)］，暗示了溴原子的数目以及苯环上 3,3′,5 和 6 的取代位置可能通过影响初始的共轭体系进而影响 PBDEs 的激发光谱特征[111]。尽管 6 种 PBDEs 在 λ_{em} = 440 nm 处的激发光谱有所不同，但是 λ_{exc} = 302 nm 时的发射光谱相似［图 S1.1(b)］，表明它们的荧光产生过程是相似的。

同一种 PBDEs 在不同 λ_{em} 下激发时，激发光谱的最高峰（λ_{max}）位置在 288 nm 至 337 nm 范围内变化。其中，BDE28、BDE47、BDE99 和 BDE153 最高峰位置的变化较小，$\triangle \lambda \leqslant 5$ nm，而 BDE190 和 BDE209 的位置变化较大，$3 \leqslant \triangle \lambda \leqslant 35$ nm（表 S1.1），这主要是因为低溴代联苯醚的激发光谱峰窄而高溴代联苯醚的激发光谱宽。

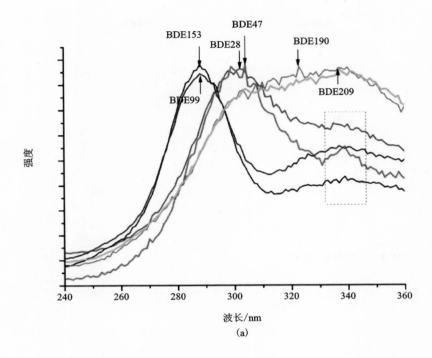

(a)

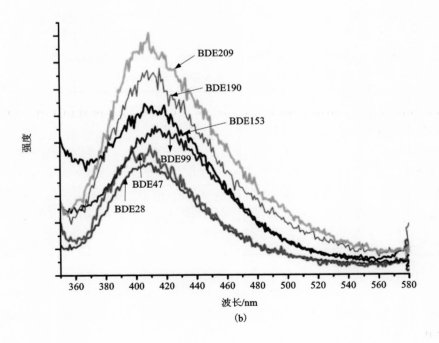

(b)

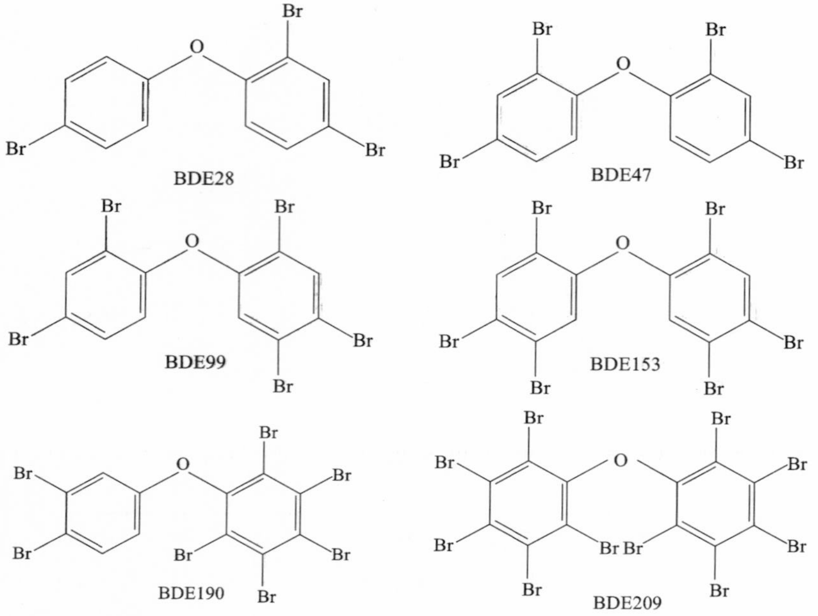

图 S1.1 BDE28、BDE47、BDE99、BDE153、BDE190 和 BDE209 的激发光谱($\lambda_{em}=440$ nm)（a）和发射光谱($\lambda_{exc}=302$ nm)（b），以及 6 种 PBDEs 单体的化学结构示意图（c）

表 S1.1 6 种 PBDEs 单体在 $\lambda_{em}=380$ nm、405 nm 和 440 nm 条件下发射光谱的最高峰强度变化(λ_{max}，nm)

PBDEs	(λ_{max}，380 nm)	(λ_{max}，405 nm)	(λ_{max}，440 nm)
BDE28	300，380	302，405	302，440
BDE47	299，380	299，405	304，440
BDE99	289，380	288，405	288，440
BDE153	288，380	288，405	288，440
BDE190	301，380	314，405	323，440
BDE209	302，380	305，405	337，440

S2.2 荧光法的线性、回收率和重现性

荧光强度和 PBDEs 标准物浓度之间的关系曲线被用来定量化水溶态的 PBDEs。计算时应该去掉溶剂产生荧光的背景噪音。根据发射光谱，样品真实的荧光强度(I_F 或 $\sum I_F$)利用下式进行计算：

$$I_F = I_{Fi} - I_{Fo} \tag{1}$$

或

$$\sum I_F = \sum I_{Fi} - \sum I_{Fo} \tag{2}$$

其中，I_{Fi} 表示特定波长下测得的荧光强度，I_{Fo} 表示同样波长下测得的背景溶剂的荧光强度。$\sum I_{Fi}$ 表示一定波长范围内测得的荧光峰面积积分，而 $\sum I_{Fo}$ 是相同波长范围测得的背景溶剂的荧光峰面积积分。

以 BDE28 为例，$\lambda_{exc} = 302$ nm 下的发射光谱如图 S1.2 所示，内嵌图表示 I_F(406 nm) 和 C(水溶态 PBDEs 浓度)，以及 $\sum I_F$(360~500 nm) 和 C 的关系曲线。峰强度与浓度、峰面积与浓度关系曲线的 R^2 分别为 0.9958 和 0.9961。相对而言，特定波长下峰面积与浓度的线性关系拟合度更高。相同的规律也存在于其他几种 PBDEs 包括 BDE47、BDE153、BDE190 和 BDE209（表 S1.2）中，尽管发射光谱中它们的最高峰位置略有不同[图 S1.1(b)]。此外，所有测试中 5 次重复实验的相对标准偏差均低于 4.74%，显示出很好的重现性。

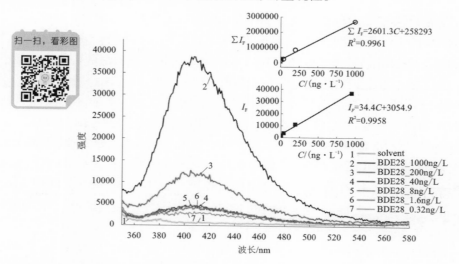

图 S1.2 BDE28 系列(0.32~1000 ng/L)标准水溶液的发射光谱($\lambda_{exc} = 302$ nm)以及峰强度 I_F(406 nm) 和浓度 C、峰面积 $\sum I_F$(360~500 nm) 和浓度 C 之间的线性关系

表 S1.2   六种水溶态 PBDEs 单体的荧光测试法的线性范围，RSD 和 LOD

PBDEs	线性范围 /(ng·L⁻¹)	$I_F(406\ nm) = a_1 \cdot C + b_1$	R_1^2	$RSD_1 (n=5)$	$LOD_1/$ (ng·L⁻¹)
BDE28	0.32 ~ 1000	$I_F = 34.4C + 3054.9$	0.9958	2.30%	5.82
BDE47	0 ~ 1000	$I_F = 1206.7C$	0.9996	2.00%	2.70
BDE99	0.064 ~ 1000	$I_F = 15.0C + 2205.7$	0.9936	4.74%	69.95
BDE153	0.064 ~ 1000	$I_F = 17.7C + 2448.8$	0.9884	3.90%	45.55
BDE190	0.20 ~ 50	$I_F = 303.3C + 2735.3$	0.9758	2.67%	1.71
BDE209	0.040 ~ 100	$I_F = 205.8C + 2470.7$	0.9963	3.21%	3.81
PBDEs	线性范围 /(ng·L⁻¹)	$\sum I_F(360\sim500\ nm) = a_2 \cdot C + b_2$	R_2^2	$RSD_2 (n=5)$	$LOD_2/$ (ng·L⁻¹)
BDE28	0.32 ~ 1000	$\sum I_F = 2601.3C + 258293$	0.9961	1.69%	66.88
BDE47	0 ~ 1000	$\sum I_F = 99147.0C$	0.9996	2.08%	4.36
BDE99	0.064 · 1000	$\sum I_F = 1358.8C + 230266$	0.9954	2.23%	148.66
BDE153	0.064 ~ 1000	$\sum I_F = 1675.3C + 226053$	0.9960	0.88%	123.09
BDE190	0.20 ~ 50	$\sum I_F = 27083C + 299207$	0.9751	0.64%	4.91
BDE209	0.040 ~ 100	$\sum I_F = 17991C + 236028$	0.9980	1.53%	10.91

S2.3   方法检测限

方法检测限以浓度（或质量）表示，指由特定的分析方法能够合理地检测并于统计学分析的空白背景相互区分的最低浓度（或质量）。国际纯粹与应用化学联合会（IUPAC）对检出限的规定为：给定置信水平为 99.7% 时被检出的待测物的最小浓度，信号为空白测量值的标准偏差的 3 倍所对应的浓度（或质量）。据此获得的水溶态 PBDEs 的荧光检测法的检测限见表 S1.2。根据峰强度和浓度关系曲线获得 BDE28、BDE47、BDE99、BDE153、BDE190 和 BDE209 的检测限分别为 5.82 ng/L、2.70 ng/L、69.95 ng/L、45.55 ng/L、1.71 ng/L 和 3.81 ng/L，根据峰面积积分和浓度关系曲线获得 BDE28、BDE47、BDE99、BDE153、BDE190 和 BDE209 的检测限分别为 66.88 ng/L、4.36 ng/L、148.66 ng/L、123.09 ng/L、4.91 ng/L 和 10.91 ng/L。

S2.4   pH 的影响

溶液 pH 可能影响 PBDEs 的荧光强度测试[112-114]。图 S1.3(a) 显示 BDE47 溶液（50 ng/L）的荧光强度随 pH 的增加呈线性增加。研究表明，pH 对有机质荧光强度的影响主要受控于离子化作用[115]和荧光分子的分子结构置换作用[116]。离子化作用主要发生在 pH 近中性或略高于中性环境条件下[117]。图 S1.3(a) 显示在低于中性条件下荧光强度依旧随着 pH 的增大而增大，这暗示着 pH 对 PBDEs 荧光强度的影响可能是分子构型改变而造成的。Ghosh 和 Schnitzer(1980) 发现有机质(例如，HA)在高 pH 时呈线性结构，而当 pH 降低时形成线圈构型，该线圈结构将掩盖一些内部的荧光，从而导致在较低 pH 时荧光发射减弱。而在较高的 pH 时，其分子构型变成线性从而使得被掩盖的荧光释放出来，进而导致荧光强度增强。该线圈结构可能是 H^+ 和荧光素之间较强的氢键作用引起的，这种作用在较低 pH 时会显著增强，因为此时丰富的 H^+ 会形成大量氢键。随着 pH 的增加($[H^+]$减少)，氢键减少，反激发作用会减弱，从而导致荧光强度增强。此外，本研究发现，pH 对 PBDEs 荧光强度的影响随着 pH 的增加或减少是可逆的。

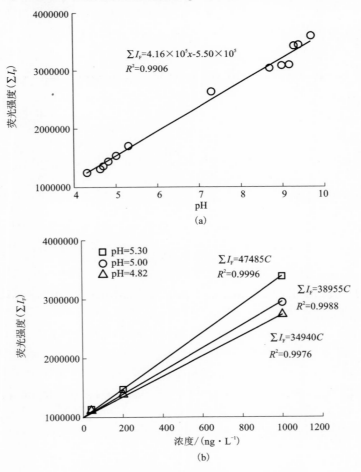

图 S1.3 pH 对 50 ng/L BDE47 标准水溶液

荧光强度 $\sum I_F$(360~500 nm)(a)和方程斜率(b)的影响

图 S1.3(b)显示溶液的 pH 会影响 PBDEs 浓度和荧光强度之间的线性方程的斜率。在不同 pH 条件下,线性关系依旧保持,然而随着 pH 的降低,线性方程的斜率减小。该结果暗示着溶液的 pH 是建立荧光方程的一个重要因子,应用荧光法测定 PBDEs 含量时需依据特定的 pH 条件进行方程校正。

S2.5 HA 的影响

胡敏酸含有荧光功能团,因此被认为是利用荧光法测定水溶态有机污染物的主要干扰[59, 63, 118 - 120]。图 S1.4 显示随着溶液中 HA 浓度的增加,BDE47 的发射峰变强变宽。荧光曲线的变化(内插图 S1.4)显示,在 HA 和 PBDEs 共存的条件下,荧光强度并非是二者的叠加,然而,随着 HA 浓度的增加荧光强度呈现线性增加,则暗示着 HA 和 PBDEs 产生的荧光信号可以相互区别出来。

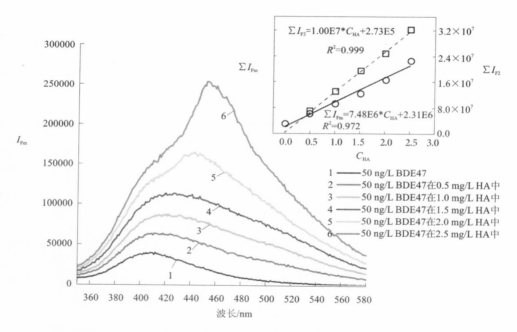

图 S1.4　添加 HA 后 BDE47 标准水溶液的荧光响应变化及其与 HA 浓度的关系

在含有 HA 溶液的情况下,测得的荧光信号分别来自 PBDEs 和 HA,建立如下方程:

$$\sum I_{Fm} = a \cdot \sum I_{F1} + b \cdot \sum I_{F2}$$

式中,$\sum I_{Fm}$ 表示 PBDEs 和 HA 共存时测得的荧光峰面积,$\sum I_{F1}$ 表示单独的

PBDEs 产生的荧光峰面积，$\sum I_{F2}$ 表示单独的 HA 形成的荧光峰面积，a 和 b 均为拟合参数。通过对图 S1.4 的数据进行拟合，对于 BDE47 而言，得到 a 和 b 的值分别为 0.96 和 0.08。较大的 a 值和较小的 b 值说明 PBDEs 对 HA 荧光信号有较强的影响，而 HA 对 PBDEs 的荧光测试影响微弱。

S2.6   地下水中 PBDEs 的测试应用

地下水中 PBDEs 的荧光测试可能受到其他化学组分的影响[59]。图 S1.5 显示 SGW 模拟液中 BDE47 的荧光强度比去离子水中 BDE47 的荧光强度值高，这主要是受到了背景溶剂的影响，因为 SGW 模拟液的荧光强度高于去离子水。在去除背景值的噪音干扰后，荧光强度的差别显著减小，并且 SGW 中 BDE47 和去离子水中 BDE47 的荧光强度与浓度的线性关系曲线仅有 3% 的斜率偏差。理论上，地下水中真实的 BDE47 浓度应当利用 $\sum I_{F1}$ 和 C_1（BDE47 在 SGW 中的浓度）的关系方程进行计算获得。然而，利用 $\sum I_{F2}$ 和 C_2（BDE47 在去离子水中的浓度）的关系方程进行计算发现，该方程也可以很好地用于计算地下水中 PBDEs 的浓度，因为两者之间仅有 3.7% 的相对误差（对 50 ng/L BDE 47 的计算）。这进一步保证了荧光法测试天然样品中 PBDEs 含量的实际应用。

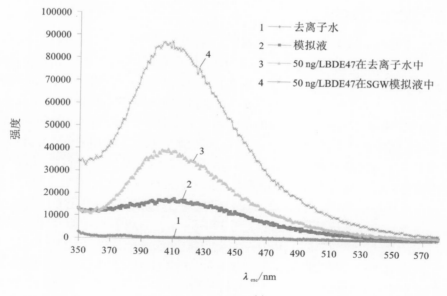

(a)

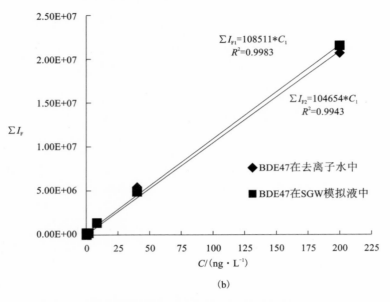

图 S1.5　**BDE47 在去离子水和 SGW 水中的荧光光谱（a）以及其荧光强度和浓度之间的关系（b）**

S2.7　与传统方法的对比

相对于传统的水溶态 PBDEs 的测试方法[121 – 124]，荧光法具有与 GC 或 GC – MS 相似的检测限（低至几 ng/L）（第 2 章），但是在如下几方面显示出极大的优势：大约 1 min 的快速测试，无须萃取并且 100% 回收的直接测试，样品量仅需约 4 mL（表 S1.3）。此外，该方法不需要任何对环境有污染的有机溶剂并且花费少。尽管 PBDEs 的每一种单体都显示出不同的荧光特性，但是环境中 PBDEs 的组成十分复杂，利用峰位置的微弱差异很难完全区别出具体的 PBDEs 单体。此外，其他不确定的环境变量或可能发出荧光的物质能够干扰 PBDEs 的荧光，因此荧光法仅限于室内样品分析或者可校正荧光干扰的天然样本测试。

对于水环境中 PBDEs 的运输和迁移研究而言，紫外诱导荧光光谱法显示出直接快速测试的显著优势。近几年，与 PBDEs 有关的地下水污染问题已经受到越来越多的关注。然而，关于 PBDEs 如何从土壤或沉积物中迁移到水系统中的途径仍然未被识别，因为常规 GC 或 GC – MS 测试水溶态 PBDEs 的方法需要进行复杂的萃取提纯预处理工作，并且在分析和测试过程中可能发生样品损失。紫外诱导荧光光谱法实现了在线直接测试几 ng/L 的水溶态 PBDEs，可应用于水溶态 PBDEs 的环境行为机理研究。

表 S1.3　荧光法与 GC 以及 GC - MS 法测试水中 PBDEs 含量的优缺点对比分析表

方法	目标检测物	线性范围 /(ng·L⁻¹)	样品和体积	萃取方法	重现性 /%	LOQ[a]/LOD[b] /(ng·L⁻¹)	检测时间 /min
GC - MS	三~六溴联苯醚[1]	20~600	100 mL 地表水	SBSE	99~106	1~32[a] / 0.4~9.6[b]	56.69
	BDE47, BDE99, BDE100, BDE153[2]	4~150	10 ng/L PBDEs, 10 mL 超纯水	CPE	99~106	1~2[b]	15.50
GC - ECD	BDE28, BDE47, BDE85, BDE99, BDE100, BDE153, BDE154[3]	0.1~100(BDE28, BDE47); 0.5~500(其他)	5 mL 加入 PBDEs 的超纯水	SPE - DLLME	72~100	0.03~0.15[b]	36.67
荧光法	BDE28, BDE47, BDE190 and 209[4]	0.32~1000(BDE28); 0~1000(BDE47); 0.2~50(BDE190); 0.04~100(BDE209);	4 mL 加入 PBDEs 的去离子水	不需要	100	1.71~5.82[b]	1
	BDE99 和 BDE153[4]	0.064~2000				45.55~69.95[b]	1

* SBSE(stir bar sorptive extraction)，搅拌棒固相萃取；CPE(cloud point extraction)，浊点萃取；HS - SPME(headspace solid - phase microextraction)，顶空固相微萃取；SPE - DLLME(solid - phase extraction - dispersive liquid - liquid microextraction)固相萃取 - 分散液液微萃取。

* 1. Liorca - Porcel J, Martinez - Schanchez G, Alvarez B, et al, 2006; 2. Fontana A R, Silva M F, Martinez L D, et al. 2009; 3. Liu X, Li J, Zha Z, et al., 2009; 4. 本研究基于表 S1.2 中 $I_{F(405\,nm)} = a_1 * C + b_1$ 所得。

4. 本研究基于表 S1.2 中 $I_{F(405\,nm)} = a_1 * C + b_1$ 所得。

附录 Ⅱ
野外样品采集与室内分析

1. 2011 年太原小店样品采集

2. 2012 年太原小店样品采集

3. 样品测试分析及室内机理实验

图书在版编目（CIP）数据

污灌区土壤－地下水系统中 PBDEs 地球化学行为及其原位测试新技术／单慧媚，彭三曦，熊彬著. —长沙：中南大学出版社，2020.9

ISBN 978－7－5487－4093－3

Ⅰ.①污… Ⅱ.①单… ②彭… ③熊… Ⅲ.①土壤污染－地球化学行为－原位试验②地下水系统－地球化学行为－原位试验 Ⅳ.①X53②X523

中国版本图书馆 CIP 数据核字（2020）第 135978 号

污灌区土壤－地下水系统中 PBDEs 地球化学行为及其原位测试新技术

WUGUANQU TURANG – DIXIASHUI XITONG ZHONG PBDEs DIQIU HUAXUE XINGWEI JIQI YUANWEI CESHI XINJISHU

单慧媚 彭三曦 熊彬 著

□责任编辑	刘小沛	
□责任印制	易红卫	
□出版发行	中南大学出版社	
	社址：长沙市麓山南路	邮编：410083
	发行科电话：0731－88876770	传真：0731－88710482
□印 装	湖南省汇昌印务有限公司	

□开 本	710 mm×1000 mm 1/16 □印张 7.75 □字数 151 千字	
□互联网＋图书	二维码内容 字数 1 千字 图片 18 个	
□版 次	2020 年 9 月第 1 版 □2020 年 9 月第 1 次印刷	
□书 号	ISBN 978－7－5487－4093－3	
□定 价	42.00 元	

图书出现印装问题，请与经销商调换